U0311974

谁为机器人的行为负责？

〔意大利〕乌戈·帕加罗 著

张卉林 王黎黎 译

上海人民出版社

致亚历克西斯、安娜·索菲亚和下一代

主编序

彭诚信

一

无论生物学意义上的自然人类(以下简称人类)是否做好准备,人工智能时代正逐步走来,而这恰恰是由人类自身所引起。

初级的人工智能或许能为人类带来便捷,在我国,或许还能带来规则意识,甚至法治理念的真正普及。这是因为,人工智能的本质就是算法,任何算法必然建立在对某项事物认识的共性与常识之上。也正是在此意义上,人工智能能为人类服务,能代替自然人为人类服务。初级的人工智能,如果还没有深度学习能力,或者深度学习能力尚不充分,它就难以进行诸如自然人价值判断与情感判断的活动,比如包含爱的交流与体验,难以对疑难案件作出理性裁判,对案件的漏洞填补与价值补充等。在此意义上,人工智能产品还主要表现为人工智能物,仅在有限的意义上具有自然人的属性。但即便是初级的人工智能,在我国也具有非常重要的意义,主要表现为规则意识与诚信观念的建立。人工智能最核心的"大脑"就是算法,算法本身便是规则。初级人工智能对人类的服务就是规则服务;而人类要接受人工智能的服务,就必须接受算法设定的各种规则。人工智能,尤其是结合网络运用的人工智能,会促使与提升自然人的规则意识,因为无论自然人在线下是否遵守规则,也无论规则在线下如何难以推行与实现,只要自然人接受线上服务,就必须遵守线上规则;无论自然人在线下如何不守信,他在线上也必须诚实,否则他就进入不了虚拟世界,便也无从获得特定人工智能的服务。在初级的人工智能时代,人类仍是核心,是世界的主宰,毕竟自然人仍是规则的制定者,是人工智能的服务对象。

而到了高级人工智能时代,即,当人工智能能够进入深度学习与感情交流,可以进行团体合作与共同行动时,换句话说,当人工智能可以改变甚至完全脱离自然人为其设计好的初始算法而创制新的算法时,那时的人工智能物便实实在在地变成了人工智能人。人工智能人如何改变自然社会,甚至如何引导与影响整个自然社会走向,已非自然人所能完全掌控与想象,恐怕也为人工智能人本身所不知。尤其是,当人工智能人可以在虚拟世界制定规则(创制新的算法),而这种规则又必然会影响到自然世界时,那时自然世界的主宰到底是人工智能人,还是自然人,或许现在的我们(人类)已经难以给出确定答案。那时的人类在自然世界或虚拟世界中处于何种主体地位,现在的我们也不得而知。当人工智能人有了情感交流能力并具有生物生成功能后,在自然人与自然人、人工智能人与人工智能人以及自然人与人工智能人之间的多元关系中,谁来制定规则,为谁制定规则,谁是自然世界或者虚拟世界的主宰或规则主体,以及各种形态主体之间具体的生活样态如何等问题,可能都远远超出了我们当下的想象,或许那时的社会状态本身就不可想象!

正是为了认真面对这些问题,警惕与体味这些问题,以便未来更好地深入研究或应对这些问题,上海人民出版社曹培雷副总编辑、法律与社会读物编辑中心苏贻鸣总监、秦堃编辑等及本人一起探讨决定编译人工智能丛书,帮助我国读者了解既有的人工智能研究,并以此为切入口对人工智能进行深度了解与学习。我们筛选并翻译了国外有关人工智能研究的较有影响力的三部经典著作,推介给中国读者。这三部著作便是意大利学者乌戈·帕加罗所著的《谁为机器人的行为负责?》、美国律师约翰·弗兰克·韦弗所著的《机器人是人吗?》以及美国学者瑞恩·卡洛、迈克尔·弗鲁姆金和加拿大学者伊恩·克尔编辑的文集《人工智能与法律的对话》。

二

《谁为机器人的行为负责？》一书，由张卉林、王黎黎和笔者共同翻译。该书通篇都在试图回答一个问题："谁来承担责任(Who Pays)"。作者建构了一种分析法律责任模型。他在刑法、合同法和侵权法的框架下讨论了27种假设情况，例如刑法中的机器人士兵、合同法中的外科手术机器人以及侵权法中的人工智能雇员等，目的是分析在不同的情况下设计者、生产者、使用者和机器人之间应当如何分配责任。作者还讨论了机器人对现代法学体系中的若干重要内容带来的挑战，比如刑法中的正义战争理论、合同法中的代理资格以及侵权法中的责任承担。上述问题的讨论建立在作者对法律责任和义务的概念的分析基础上，讨论法律基础是否会受到机器人技术的影响。最后，作者讨论了"作为元技术的法律"，即如何通过法律实现对技术发展的控制。

《机器人是人吗？》一书由刘海安、徐铁英和向秦翻译。该书认为，人工智能可以达到如同与真人一样进行语音交流的程度，并自主学习知识和判断问题。作者讨论了人工智能的知识产权享有和责任承担问题。作者认为，面对人工智能承担法律责任，可以通过人工智能保险或储备基金支付赔偿费用。如何规范人工智能？ 作者以美国各州对自动驾驶汽车的相关立法为例，对未来人工智能统一立法作出合理预测：(1)当产品制造商、开发商和人类都没有过错时，不同体系的机构将会为涉及人工智能的事故受损者建立赔偿或补偿基金；(2)至少在初期，很多形式的人工智能产品的使用将被要求获得执照许可背书；(3)在初期，往往需要对人工智能进行人为监督，但是最终，只有那些主要用于改善人类表现的人工智能才需要人为监督；(4)尽管最初的立法将会经常把人类作为操作者(行为人)，即使这种标签不适用于人工智能的类型，但最终立法会在以确定操作者责任为目的时变得更加细分；(5)立法将始终区分用于测试目的的人工智能和向消费者提供的人工智能；(6)立法将始终要求这样一个机制，允许人类脱离人工智能但很容易重新控制人工智能；(7)立法将始终要求在自动化技术失败时，人工智能产品能向周围的人发出警告；(9)对采集个人信息的担忧将会迫使法律要求披露人工智能运作时所收集的信息。

《人工智能与法律的对话》由陈吉栋、董惠敏和杭颖颖翻译。本书共分讨论起点、责任、社会和道德意义、执法和机器人战争 5 个部分，共 14 篇论文。其中，大部分是首次在"We Robot"这一跨学科会议上发布的最新论文。这些论文探讨了机器人的日益复杂化以及它们在各个领域的广泛部署，重新思考了它所带来的各种哲学和公共政策问题、与现有法律制度不兼容之处，以及因此可能引发的政策和法律上的变化。整本书为我们生动地展现了一场内容广泛、启发深远的对话，如本书第二部分有关机器人行为责任的讲述：F.帕特里克·哈伯德教授《精密机器人所致人身损害的风险分配》一文对普通法应对技术变革的能力提供了一种乐观的评估："普通法系统包含了内部机制，能够为应对机器人化的世界作出必要的相对较小的变化"；而柯蒂斯·E.A.卡诺法官在《运用传统侵权法理论"迎接"机器人智能》一文中则提出了截然相反的观点：传统的过失和严格责任理论不足以应对真正自主性机器人的挑战。

需要说明的一点是，我们从 2017 年 9 月确定翻译书目，10 月组建翻译团队，到 12 月后陆续落实版权并着手翻译，翻译时间可谓十分紧张。丛书译者多为高校或者研究机构的青年科研教学人员，需要克服繁重的教学和科研压力；加之，所译著作内容涉及法律、计算机和伦理等多元且交叉的学科知识，远远超出了多数译者所在的法学学科领域，翻译不当甚至错误恐在所难免，在此我们衷心恳请并接受各位读者、专家批评指正。

三

2017 年 7 月中华人民共和国国务院发布《新一代人工智能发展规划》，强调建立保障人工智能健康发展的法律法规，妥善应对人工智能可能带来的挑战，形成适应人工智能发展的制度安排。《规划》为此要求"开展与人工智能应用相关的民事与刑事责任确认、隐私和产权保护、信息安全利用等法律问题研究，建立追溯和问责制度，明确人工智能法律主体以及相关权利、义务和责任等"。但正如弗鲁姆金(Froomkin)指出的，也可能是本译丛三本书的作者们皆认可的："(1)对于机器人和监管问题，现在还为时尚早；(2)技术问题远比律师想象的复杂，法律、伦理和哲学问题比工程师想象的更有争议(有时也更复杂)；(3)我们要彻底解决这些问题的唯一办法就是扩大和深化我们跨学科的努力。让世界为机器人做好准备的同时，使机器人也为世界做好准备，这必须是一个团队项目——否则它可能会变得很糟糕。"由此揭示出，对于人工智能的探讨与研究，即便是对于人工智能的规范性研究，并非法学一个学科所能胜任。人工智能本身就是一个具有综合性、复杂性、前沿性的知识、智识与科学，它需要几乎所有的理工与人文社会科学学科进行交叉性研究，也需要研究者、实体技术者与产业者等各个领域的人配合与对话。法律人在人工智能的研究、开发、规则制定等各个环节中是不可缺少的一环，但也仅仅是一个环节，他只有加入人工智能的整体研究与发展中去，才会发挥更大的价值。我们期待这套译丛的出版有助于人工智能在法学及其他领域展开深入讨论，为跨学科的对话甚至团队合作提供一定程度的助益。

无论未来人工智能时代的社会生活样态如何，无论人工智能时代的社会主体如何多元，多元的主体依然会形成他们自己的存在哲学，也许依然需要他们自己的情感系统。无论未来的人工智能时代多么不可预测,问题的关键还是在于人类的自我与社会认知。就像苹果公司首席执行官蒂姆·库克(Tim Cook)在麻省理工学院(MIT)2017届毕业典礼演讲中指出的,"我并不担心人工智能能够像人一样思考,我更关心的是人们像计算机一样思考,没有价值观,没有同情心,没有对结果的敬畏之心。这就是为什么我们需要你们这样的毕业生,来帮助我们控制技术"。是的,我们或许不知未来的人工智能是否会产生包含同情与敬畏的情感,但我们能够确信的是,即便在人工智能时代,我们最需要的依然是人类饱含同情与敬畏的"爱"! 未来的人工智能时代无论是初级样态还是高级学习样态,能够让多元的主体存在并和谐相处的,能够把多元主体维系在一起的或许唯有"爱"。这个从古至今在自然世界难以找到确定含义的概念,在虚拟与现实共处的世界中更是难以获得其固定内涵,但我们唯一知道并可以确信的是,如果没有"爱",那么未来的人工智能时代就真的进入了一个混沌而混乱的世界!

上海交通大学凯原法学院

2018 年 7 月 10 日

前　言

　　我在火卫二(Deimos)的轨道内，现在完全靠我自己了。祝我好　　　　vii
运吧！

　　　　　　——好奇号火星探测器(Curiosity Mars)，美国太平洋时
　　　　　　间 2012 年 8 月 5 日晚上 8:12(机器人探测器在红色
　　　　　　星球上成功着陆的两小时二十分钟前)发布推特。

　　1961 年很值得注意，这一年是今天的信息革命中最令人激动的领域
之一——机器人学的转折点。机器人学领域的惊人发展速度和多方面应
用能够追溯至 1961 年，值得注意的事件涉及政治、军事对抗、科学研
究、文化、社会以及技术进步。具体来说，1961 年 4 月 12 日，尤里·加
加林(Yuri Gagarin)成为第一个进入太空的人，之后不久，美国海军司令
艾伦·谢泼德(Alan Shepard)于 5 月 5 日进入太空。在此期间，大约 1 300
名由 CIA 资助、以美国武器武装的古巴流亡者于 4 月 17 日在猪湾登
陆，试图推翻菲德尔·卡斯特罗(Fidel Castro)政权，但是宣告失败。四个
月后的 8 月 17 日，民主德国(DDR，德意志民主共和国)开始建造柏林
墙。几个星期后，10 月 30 日上午 11:32，苏联(USSR)在新地群岛(Novaya
Zemya)上空引爆了一枚具有五千万吨爆炸威力的氢弹：沙皇炸弹(Tsar
Bomb)，造成了有史以来最大的人为爆炸。幸运的是，在冷战期间这个
最活跃的年份，具有更为和平目的的技术和科学也得到了发展：施贵宝
公司(Squibb)生产了第一支电动牙刷，美国环球航空公司(TWA)率先在航
班上播放电影，IBM 推出了电动打字机，以及杰克·利普斯(Jack Lippes)

1

开发了宫内节育器。随着一些优秀电影的上映，比如《西区故事》(West Side Story)、《蒂凡尼的早餐》(Breakfast at Tiffany's)和《甜蜜生活》(La Dolce Vita)，很多令人难忘的歌曲比如《伴我同行》(Stand by Me)或《启程吧杰克》(Hit the Road Jack)占据了排行榜。除了一些著名的书籍比如《北回归线》(Tropic of Cancer)和《烦恼的冬天》(The Winter of Our Discontent)的出版，1961年还见证了婴儿潮中很多名人的出生，比如巴拉克·奥巴马(Barrack Obama)总统、法学家拉里·莱斯格(Larry Lessig)、戴安娜王妃、乔治·克鲁尼、艾迪·墨菲以及，没错，神奇四侠：神奇先生、隐形女、霹雳火和石头人。说到这一点，本书的作者同样出生于1961年，恰好赶上了享受第一批纸尿裤，即帮宝适。

除了调频立体声，可口可乐的新对手七喜和雪碧，以及强生公司的泰诺之外，我们还不应当错过1961年出现的另一个新奇事物。在"机器人"一词通过卡雷尔·恰佩克(Karel Ĉapek)的戏剧《罗素姆万能机器人》(Rossum's Universal Robots, 1920)变得广受欢迎的41年后，以及艾萨克·阿西莫夫(Issac Asimov)在小说《环舞》(Runaround, 1942)中创造出"机器人学"一词将近20年后，机器人在工业领域被率先采用。与恰佩克的人形机器人和阿西莫夫的人工智能体不同，这些机器既不是机器人士兵，也不是太空漫步者。相反的，第一台工业机器人是利用乔治·德沃尔(George Doevol)和约瑟夫·恩格尔伯格(Joseph Engelberger)的项目在汽车工业中进行测试，当UNIMATE机器人在新泽西州的一家通用汽车工厂中执行点焊和取出压铸件任务时，这个测试宣告结束。不久以后，人们的想法不仅仅停留在利用机器(比如机器人)来制造机器(比如汽车)上。根据美国、日本、德国和意大利推进的几个不同项目，计划是建造出完全自动的汽车，这随后被命名为无人驾驶地面车辆，或"UGVs"。

然而仅仅二十年后的20世纪80年代初，汽车工业中的机器人应用变得十分关键。日本工业率先在他们的工厂中大规模使用这项技术，通过降低成本和提高产品质量获得了战略竞争力。这正是我在硅谷第一次长期停留的时间，我仍然能够生动地回忆起1982年夏天在加州高速公路上底特律汽车被日本汽车淹没的第一次浪潮所带来的冲击。西方汽车制造商得到了沉重的教训，并且在几年后开始学习日本的想法，在他们的工厂中安装了机器人。这个大趋势持续了二十年。引人瞩目的是，在《欧洲经济委员会和国际机器人联合会 2005 年世界机器人学报告》(World 2005 Robotics Report of the Economic Commission for Europe and the International Federation of Robotics) 的社论中，阿克·麦德塞特(Åke Madesäter)提到了机器人产业过于关注和依赖汽车工业的风险："工业机器人产业变得受到汽车制造商和分供应商的过度支配。在 1997 年至 2003 年间，西班牙的汽车产业占据了所有新安装机器人中的 70%。在法国、英国和德国，相应的数据分别是 68%、64% 和 57%。"(UN2005：ix)

ix

　　然而就在这份联合国世界报告所记录的 2005 年，情况开始急剧变化：机器人经过二十年对汽车产业的依赖后，戏剧性地开始向多元化开放，用学者的话说，这是一场革命。这场革命伴随着水面和水下无人航行器或称"UUVs"发生，这些装备能够用于远程探测作业、管线和石油钻塔维修等，自从 20 世纪 90 年代中期以来得到了惊人的发展。十年后，无人飞行器(UAVs)或无人飞行系统(UAS)颠覆了军事领域。正如《美国陆军无人飞行器系统路线图(2010—2035)》(U.S. Army Unmanned Aircraft Systems Roadmap 2010—2035)所阐明的，它们的数量和质量指标都很可观。从 2003 年至 2008 年，无人飞行器的飞行次数增加了 2 300%，无人飞行器的数量在 2001 年之前不到 50 架，2006 年超过 3 000 架，2010 年超过 7 000 架，在本书写作时，这个数量已经大大超过 12 000 架。无人飞行器对战争法的影响使得联合国特别调查员和一些学者建议针对无人飞行器的使用出台更为严格的管制。阿拉巴马州拉克尔堡 UAS 卓越中心主任克里斯托弗·B.卡莱尔上校(Colonel Christopher B Carlile, Director of the UAS Center of Excellence in Fort Rucker, Alabama)说，"科幻和科学的区别在于发生时间"，那么恰佩克在《罗素姆万能机器人》中描述的机器人士兵的威胁的科幻场景成真也就不会令人惊奇了。

　　在伴随着像是大量的无人机亲自执行它们自己计划的任务这种规范

性挑战的无人潜水器和无人飞行器革命之后,下一次机器人革命的候选对象是新一代的 UGV,也就是在高速公路上全自动或者半自动无人驾驶的智慧型汽车。在过去几年中一些国家、组织和私人公司都在认真地推行这个项目。比如自 20 世纪 90 年代末以来由美国国防部高级研究计划局(US Defense Advanced Research Projects Agency, "DARPA")组织的大挑战竞赛。在这些挑战赛的参加者中,只需提一下由卡内基·梅隆大学和通用汽车、斯坦福大学和大众公司资助的汽车,以及谷歌无人驾驶汽车就够了。在尤里卡·普罗米修斯项目(the Eureka Prometheus Project, 1987—1995)之后,欧洲议会也在 2010 年推动了"智能汽车计划"("Intelligent Car Initiative"),目的是大幅度减少交通拥堵和交通事故,并且改善能源利用效率、减少污染。一些骇人听闻的数据能够让我们充分理解下一次无人驾驶汽车革命首当其冲的是什么:道路运输占用了欧盟总耗能量中的四分之一,交通拥堵耗费成本相当于欧盟 GDP 的约 0.5%,塞车影响到了欧盟主要道路网的 10%,每年发生约 130 万起交通事故,41 000 人在事故中丧生。

可用的机器人应用程序的盛况意味着下一次机器人革命的更多参与者。这反映在一系列个人和家庭服务应用上:我们已经有了很多机器人玩具和按照程序为儿童和长者提供关爱和照顾的机器人保姆。在学术领域,有针对大学教师的新一代的人工助理,比如帮助我们安排会议、讲座和会面日程的 i-Jeeves。通过根据诸如预算、时效性或天气平均状况等一系列参数来检查交通可用性和便利性,机器人能够反馈它的发现以便于我们作出决策,甚至是确定学术之旅的各个步骤,包括直接接受邀请、预定旅馆房间和航班等。另外,我们还需要考虑无需人类介入便能独立发现新知识的一类机器人科学家,就像 2009 年出现在阿伯里斯特威斯大学和剑桥大学的"亚当"(Adam),研究人员确认这个机器人发现了酿酒酵母(saccharomyces cerevisiae)基因组的新证据。类似地,比如 NASA 的火星漫游者机器人和科学实验室飞行团队:当好奇号机器人于 2012 年 8 月 5 日使用超音速降落伞和前所未有的空中吊车成功在红

x

4

色行星上着陆，从而探索更多火星环境以及到达科学家们认为在未来研究中有趣的地方时，这个一吨重、耗资 50 亿美元的机器人变得尤其受欢迎。

另一类使人吃惊的机器人应用与自然和人工系统的混合有关，比如模仿动物及其行为的机器。尽管自然需要数十亿年的时间来改善它自己的设计，使得很多模拟动物的机器人行为的设想通常超出了今天的科技能力，但是几个有趣的项目正在进行：从利用多目标蚁群或无刺蜂子脑建设的设计选择制造的机器人，到模仿信天翁飞行的微型无人机的发展。自然与人工混合系统包括由肌肉细胞控制的纳米机器人，或能够解读四肢瘫痪患者思维的神经义肢的应用，同时机器人运算能力方面的问题越来越多地通过将机器人连接到在线的网络存储库得以解决，这些存储库允许机器人共享在现实生活中目标识别、导航和任务完成所需要的信息。作为欧盟第七框架项目(European Union 7th framework programme, FP7/2007—2013)的认知系统和机器人计划(Cognitive Systems and Robotic Initiative)中的一部分，机器人地球(RoboEarth)项目的目的就是为机器人建立起万维网，即可供机器人分享信息、互相学习行为和环境的在线数据资料库。避开了传统方法的缺陷，比如机器人的机载计算机，这个项目的目标是完成某种云机器人基础设施，为形成机器人——机器人地球——机器人的闭环提供所需的一切。

还有更多的例子，比如人工智能足球运动员，机器人应用的这种盛况所阐明的是当前信息革命最重要的方面，也就是在过度依赖汽车行业领域二十年后，创新和技术发展令人震惊的指数级速度。这种加速通常利用"摩尔定律"("Moore's law")，即 1965 年提出的芯片计算能力每十八个月就能翻一番的自证预言，来阐明甚至总结。除了可能有助于某种技术利用的经济、政治和文化条件，以翻番的速度发展了将近五十年之久的运算能力不仅使几年前不可能的事情变得可行，而且为技术的进一步发展打开了新视野。为了说明这一点，让我们回忆一个家庭故事，这个故事与苹果公司历史上最大的败笔之一有关，也就是 1992 年个人

xi

数字助理牛顿(Newton)。这个具备触摸屏和手写笔的 i-Pad 原型机包含了一些应用程序，比如"名字"、"日期"和"笔记"，大部分都是诸如时区地图、汇率换算器和计算器这样的简单工具，允许使用者收集、管理和分享这些信息。然而与 i-Pad 不同，至少对于我的姐妹和她的同事来说，牛顿失败的原因在很大程度上仅仅归结于这些苹果设备提前了十五年到来，并且坦白地说，太贵了。回到机器人学领域，并且进一步考虑一系列的因素比如公共研发(R&D)支持、跨机构转移，以及越来越多可获得的强大并且廉价的软件和硬件，我们因此可以理解一个简单的事实：鉴于机器人领域每一项大飞跃都需要二十年的间隔，看起来似乎当前的每一年都会出现某种机器人革命。从阿西莫夫的《环舞》到如今的火星漫游者机器人，机器人七十年的故事可以被浓缩为一部四乐章的古典交响乐。

第一乐章，从容的柔板(adagio ma non troppo)：工业机器人于 1961 年被引入制造部门，这是在阿西莫夫关于机器人的第一部小说之后约二十年。第二乐章，热情的行板(andante con brio)：20 世纪 80 年代初，在汽车产业内机器人的使用变得十分重要，这距离汽车制造领域引入第一个工业机器人已有二十年。第三乐章，固定音型(ostinato)：21 世纪初，很多人仍然认为机器人过于依赖汽车产业。第四乐章，就如同贝多芬第九交响曲的最终章，庄严且快速的急板(prestissimo, maestoso, molto prestissimo)：在过去十年中机器人应用的数量和质量已经失控，以至于机器人领域发展的指数曲线出现了某些夸张成分。考虑到新一代的无人驾驶汽车、无人飞行器和无人潜水器、机器人科学家、自然和人工混合系统等，技术决定论的拥护者们认为目前的信息革命不可阻挡地塑造着人类和人类社会的命运，智能机器人将接替人类，而我们作为一个物种将面临灭绝。换句话说，比人类更高的智慧将作为这一奇异事件的主要影响因素，通过纳米机器人、人工智能和机器人表现出来。

然而我们并不需要将机器人的进步理解为如同这个星球上的革命运动一样无法阻挡，来承认很多机器人应用通过一系列新的约束和机会，改变和重塑个人和社会环境。然而这些机器人应用的盛况需要高度的专业化，这意味着我们需要避免对这一主题进行任何形式的粗略概括说明。机器人学传统上会利用诸如工程和控制论、人工智能和计算机科学、物理学和电子学、生物学和神经科学等学科，乃至人文学科领域——政治学、伦理学、经济学和法学等。一方面，机器人应用的丰富多样告诫我们要提防在确定诸如这一领域的规范性挑战等问题时必然存在不足的泛化论。举例来说，无人机和其他类型的自动化(致命)武器主要影响国际人道主义法和刑法领域，然而其他的应用，比如达芬奇(da Vinci)机器人外科医生，则更多地涉及合同义务和严格责任规则的问题。

另一方面，机器人学的这种交叉学科的特性意味着这个领域无所不包的视角远远超出了单独一名学者的能力。当马西莫·杜兰特(Massimo Durante)和我于2011年筹划一本关于法律信息学和技术的规范性挑战的书时，我们最终决定寻求多达二十余位专家的专业知识，从而为这个题目提供充分的描述。尽管我在过去几年中一直致力于机器人学领域不同法学题目的研究，探讨战争法、合同、隐私和侵权责任领域的规范挑战，但是现在将我的关于机器人法的书呈现出来是否明智呢？　一名作者怎能处理像机器人技术和法律这样存在如此多不同之处的复杂问题呢？

我相信这个任务能够完成是基于三个理由。首先，关于法律体系应该如何通过一套复杂的概念网络比如行动能力[1]、问责、责任、举证责任、义务、豁免条款或不公正损害来管理机器人的设计、制造和使用，仍然存有较强的共识。另外，根据法律和机器人学的传统观点，或许此处可以称之为没有新问题论(no new issues-thesis)，法学家们通常主张机器人学既没有创造，也没有更改法学领域的概念、原则和基本规则。鉴于这种流行观点，本书的主要目的之一是检验这一领域的传统方法，结合赫伯特·H.哈特(Herbert H. Hart)对普通和疑难法律案件的区分，介绍与机器人法有关的一系列复杂的概念、原则和法律推理方法。就前一类简单案件而言，学者们处理法律推理中的复杂概念网络，对于特定事件状态该如何适用规范和规则并不存在疑虑，比如根据刑法的共犯案件中的责任模型来确定机器人行为责任的案件。对于法律上的疑难案件，律师之间的分歧可能是关于构成法律问题的条款的含义、在法律推理中这些条款彼此关联的方式，或是案件中关键原则所扮演的角色。奇怪的是，在机器人行为落入法律系统漏洞，带来新类型的疑难案件，或是迫使国家和国际层面的立法者介入时，在机器人法领域仍然存有强烈共识这一事实变得更为清晰。结果是，本书并不试图提供关于今天的法律发展水平的全面描述，甚至一些相关领域比如行政法，或是一些关键问题比如数据保护，都会被搁置。相反地，本书仅关注三个法律领域，即刑法、合同法和侵权法，以便确定诸如自动化致命武器或某些类型的机器人交易员等机器人应用是否真的挑战了当今法律体系的基本支柱。

第二，通过将讨论严格限定在机器人学的法律方面而非这一学科的物理学、生物学、逻辑学或工程学定律，本书旨在避免一些在定义问题上反复出现的僵局。令人惊奇的是，学者们仍然在讨论机器人的行为被认为是"自动的"是否恰当。此外，从根本上说，机器人到底是什么，换句话说，是联合国 2005 年世界机器人学报告所说的以半自动或全自动方式操作的可重复编程的机器，还是如同"感知—思考—行动"范式拥护者提出的，能够通过理解复杂事物作出恰当决策的机器。对于其他的概念性问题也有不同的理解方式，比如机器人和网络上其他的人工智能体之间的区别。因此，为了应对这一领域的复杂性，本书将采取典型的法律方法，即实用主义方法。重要的问题并不仅仅与这些概念的工程学含义有关，原因是与这些机器通过机载电脑或是网络上起到 robot.txt 功能的文件，或是介于在线和离线文字之间的与人类或其他机器人互动的方式有关的机器人的自主性和自我认识。相反地，这些概念和区别在理解这些机器如何影响现行法律体系时很有帮助，就像没有新问题论所主张的，这些机器人带来的是过失犯罪与因果关系问题的纠缠，或是侵权法领域为他人行为承担责任的新种类。在这个基础上，本书旨在确定

xiv

正确答案是否已经合法地存在，法律体系是否对替代解决方法开放，还是需要作出政治性决策。军事机器人领域的自动化武器和半自动化武器之间的区别，以及今天关于是否能允许致命武器完全自动化的争论提供了典型的说明。

　　第三，必须承认，过去一个学者能够完全掌握纷繁复杂的计算机技术及其对法律体系的影响的时代已经接近尾声了。目前法学家大多在利用解释学的传统工具，也就是通过对法律原则等文本的扩张解释或采用类比方法，来处理机器人技术带来的案件中的新鲜问题。举例来说，在刑法中，传统法律观点将机器人视为危险动物，或将使用机器人视为高度危险的行为，因此在一切情况下都可以适用严格责任规则。在合同领域，人工智能体所确定的权利和义务通常根据机器人工具论(robots-as-tools approach)的传统法律观点进行解释，因此严格责任规则能够管控这些机器的行为，约束它们的行为所代表的人类，不论这些行为是否在计划之中。在侵权法中，机器人学领域的严格责任规则在绝大多数时候被理解为一方当事人为动物、儿童甚至雇员行为承担责任的类推情况。然而随着机器人学的进步以及越来越复杂，这些机器很可能需要一种专属的法律制度。在本书提供的解决方法中，我思考了在合同领域针对机器人行为的新形式的责任，意味着在特定环境下，仅由机器人为它们造成的损害承担责任。类似地，考虑了为他人行为比如侵权领域的机器人承担责任的新形式，以便在第三人属于风险的最小成本回避者的案件中以过失责任条款替代今天的一些严格责任规则。最终这项工作的目的不仅在于指出今天的法律体系中受到影响的原则、规范和概念，还在于当新一代的机器人应用带来法律上的疑难案件时选择立场。总而言之，我认为一些类型的机器人不应当仅被视为人类互动的简单工具，而是法律领域中的适格行动主体[2]。

　　然而机器人越是需要它们自己的立法，在机器人犯罪、协议与合同、行政程序、版权与隐私问题、战争法，以及侵权法等方面的新的专家团队就越会取代单独一个学者的努力。21世纪已经发生在IT法和法律信息学等领域的专业化的进程，很可能在未来数年内出现在法律机器人学(legal robotics)领域。回顾既往，本书处在当代法律体系的一个转折点上，也可以说是处在"尚未"(not yet)和"不再"(no longer)之间。"尚未"，是因为机器人技术及其多样化应用带来的诸多挑战仍然有待法律领域的替代解决方案；"不再"，是因为传统法律观点在应对这些新型挑战时越来越显得欠缺。让我们通过阅读本书的章节，理解为什么我们会面对机器人法发展的这种中间状态。

乌戈·帕加罗

意大利都灵

注释

1. Agent 是指可以有意识地作出或不作出某些行为，带来一定的法律后果，但未必能够自己承担责任的"主体"，如儿童、动物、机器人等。这是哲学和社会学中的固有概念，为避免与法律主体概念发生混淆，译文中采用了"(行动)主体"这一表述。后文中为表述需要，也将其简称为"主体"。译法参考了以下资料：(1)Kenneth Himma. Artificial Agency, Consciousness, and the Criterial for Moral Agency: What Properties Must an Artificial Agent Have To Be a Moral Agent? *Ethics and Information Technology* (2009) 11: 19—29. (2) 维基百科中 Agent(Philosophy)、Agency(Philosophy)和 Agency(sociology)等词条的解释。

2. Agency 是指一种与法律行为能力不同的、能够使主体在特定精神状态(比如意识、信念、目的、欲望等)下作出的有意识行为的能力，动物以及机器人都可以拥有的这种能力。为避免与法律行为能力发生混淆，本文译为"行动能力"。译法参考了以下资料：(1)Kenneth Himma. Artificial Agency, Consciousness, and the Criteria for Moral Agency: What Properties Must an Artificial Agent Have To Be a Moral Agent? *Ethics and Information Technology*(2009)11:19—29. (3)维基百科中 Agent(Philosophy)、 Agency(Philosophy)和 Agency(sociology)等词条的解释。

致 谢

　　这本书是一个四年计划的最后一步(2009—2013年)。 最初的阶段是我在过去几年里一直在讨论和出版的论文和文章。 首先，感谢发表我机器人作品的期刊和书籍的审阅人和编辑，在参考文献中给出了一个详细的列表。 特别是要感谢马里亚罗萨里亚·塔代奥(Mariarosaria Taddeo)，在他编辑的关于"相信科技"的《知识、技术和政策》特刊中(2010：23)，我发表了《机器人信任和法律责任》(Pagallo 2010A)；感谢伦理委员会会议的创始人和灵魂领导者特里·拜纳姆(Terry Bynum)与西蒙·罗杰森(Simon Rogerson)，在伦理道德会议上我提交了两篇文章《人类主人与现代奴隶的关系？》(Pagallo 2010b)与《Picciotto Roboto 冒险记》(Pagallo 2011A)；感谢《人工智能与社会》特刊(2011：26(4))的编辑格雷格·迈克尔森(Greg Michaelson)与露丝·艾利特(Ruth Aylett)，在《人工智能的社会影响：杀手机器人还是友善的冰箱》中收录了我的文章《杀手、冰箱与奴隶》(Pagallo 2011b)；感谢《哲学与技术》(2011：24(3))的主编约翰·萨林斯(John Sullins)，在《机器人伦理学的开放性问题》特刊中收录了《正义战争的机器人》一文(Pagallo 2011c)；感谢《信息》的主编赫尔曼·塔瓦尼(Herman Tavani)以及《信息》特刊《我们的网络世界的信任和隐私》的编辑迪特尔·阿诺德(Dieter Arnold)，发表了我的文章《数据保护的伦理保障》(Pagallo 2011d)；感谢布伦丹·戈加蒂(Brendan Gogarty)，他邀请我为《法律、信息和科学杂志》(2011)的特刊《无人驾驶的法律》发表专家评论，也就是我的文章《枪支、船舶和司机》(Pagallo 2011e)；最后但同样重要的是，感谢米雷耶·希尔德布兰特

(Mireille Hildebrandt)和珍妮·加克尔(Jeanne Gaakeer),在他们共同编辑的《人权法和计算机法》春季卷中,收录了我的论文《机器人想要什么》(Pagallo 2013)。

　　所有以前的工作都是这一卷的起始部分,连同《AICOL》系列的两篇论文,这两篇论文是与詹马里亚·阿贾尼(Gianmaria Ajani)、庞贝·卡萨诺瓦斯(Pompeu Casanovas)、莫尼卡·帕尔米拉尼(Monica Palmirani)和乔瓦尼·萨托尔(Giovanni Sartor)共同编辑的(Pagallo 2010c, 2012a);以及与马西莫·杜兰特共同编辑的关于《法律信息》内容的《走入机器人 UTET 卷》(Pagallo 2012b)。 2011 年秋季学期,我在乌普萨拉大学(University of Uppsala)度过,这本书的初稿就是在这段时间完成的,这要感谢帕特里夏·明达斯(Patricia Mindus)和劳拉·卡尔森(Laura Carlson)对初稿的正式修订与实质性的评论。 2012 年春季学期,我在都灵大学对这份书稿进行了第二次修订,当时我开授了法律信息与机器人的课程。我要感谢我的同事和朋友们对我的支持,他们就像选择课程的学生般保持了对这一问题和理论的好奇心。 让我特别感谢拉斐尔·卡特里纳(Raffaele Caterina)、米歇尔·格拉齐亚迪(Michele Graziadei)、詹马里亚·阿贾尼和马西莫·杜兰特。 到 2012 年 4 月底,我听从了格雷戈里·蔡廷(Greg Chaitin)的建议:对书稿修订得越慢越好,让它休息一会儿。 三个月后即 2012 年 8 月,我在库比蒂诺对书稿进行了第三次修订,同时完成了序言部分的写作。 之后我在我最喜欢的别墅里度过了一段美好时光,我与我的妹妹和妹夫进一步进行了探讨,我的妹妹朱利亚(Giulia)是一位机器学习和人工智能的著名专家,我的妹夫维克多·佩雷拉(Victor Pereyra)是一位杰出的数学家。

　　2012 年,我有幸与卢西亚诺·弗洛里迪(Luciano Floridi)成为由欧洲委员会设立的"数字期货项目"关于"生活中的创新"主题的专家组成员,我与卢西亚诺·弗洛里迪的许多对话使得本书稿的一些局限性和模糊性得到修正,进一步改善了书稿的内容。 这本书的最后一稿是在 2013 年 1 月完成的,特别针对审稿员的评论以及同事和朋友的建议进行了修改。 其中，特别感谢乔治敦大学的查克·阿伯内西(Chuck Abernathy)的普通法智慧。 关于本卷的实用性方面，感谢《法律、治理和技术》斯普林格系列的编辑，分别是庞贝·卡萨诺瓦斯和乔瓦尼·萨托尔，以及斯普林格的高级出版编辑尼尔·奥利维尔(Neil Olivier)和他的助手戴安娜·尼金海森(Diana Nijenhuijzen)。 从 2011 年 8 月书的初始项目到 2012—2013 年冬天的斯普林格团队的认可，他们都帮助我实现了在 8 月的第 11 个项目。

　　尽管有这样的生产方式和评阅人、同事及朋友们的投入，但我意识到这本书可能仍然存在有歧义、不精确或简单的错误。 这种可能性使我想起了介绍恰佩克的罗素姆万能机器人的场景，R.U.R.机器人公司的经理多明(Domin)向海伦娜(Helena)解释，他们正在制造成千上万的能够说话、写作、做算术、没有错误并有惊人记忆力的机器人。 从那以后，这个流行的观念极大地滋养了这种流行的信念，直到最近的流行歌曲提醒我们"我不是机器人"。 尽管机器人学中最关键的问题之一是它们的错误程度，更不用说这些机器是否会有某种类型的情感，比如坠入爱河，这个领域不成熟的文本起到了警示作用。 连续不断的检查和同事及朋友们的建议帮助我改进了这本书以前的版本，然而，一些不完善的地方可能仍然存在。 改用奥古斯丁(Augustin of Hippo)的格言，犯错是人之常情，坚持错误不是好的机器人设计师。

xix

第一章

导　论

海伦娜:你是说它们被造好后会马上开始工作?

多明:抱歉。其实更像是一件新家具那样的工作方式……

海伦娜:为什么这么说?

多明:就像是一个人去学校一样。它们学习说话、写字和算数。它们有非凡的记忆力。如果有人给它们读二十卷的百科全书,它们可以一字不差地向你复述出来,但是它们没有自己的想法。它们会是不错的大学教授。

卡雷尔·恰佩克,《罗素姆万能机器人》

(Karel Ĉapek, Rossum's Universal Robots),序幕

这本书的写作目的是向外行人介绍目前用于管理机器人技术的设计、制造、供应和使用的一系列复杂的原则、概念和法律推理方法。考虑到法律上普通和疑难案件的经典差别,当法律学者的分歧涉及构成该法律问题的条款的含义,或是在法律推理中这些条款之间的关联方式,又或是利害攸关的法律原则在案件中所扮演的角色时,这些案件通常能够吸引人们的注意力。与此相矛盾的是,一种强烈的共识仍然存在于机

器人法领域，而当机器人的行为落入系统漏洞中时，这一共识变得更为清晰，带来新类型的疑难案件。

正如本书所探讨的，机器人技术和法律这两个复杂问题，不仅是对彼此的考验，而且共同构成对当今社会的考验。根据艾萨克·阿西莫夫在其 1942 年的小说《环舞》中创造的术语，"机器人学"(robotics)的领域包含设计和制造各种各样的机器，如以网络为中心的应用程序、自适应机器人仆人、机器人士兵、无人操控的陆上和水下载具、机器人玩具，甚至是机器人保姆。现代的机器人学是最令人兴奋的科研和技术领域之一，它涉及多个学科，例如人工智能(AI)、计算机科学、控制学、物理学、数学、电子学、机械学、神经学、生物学和人文科学。尽管机器人应用十分多样化，但是有人认为我们所应对的是基于人工智能研究中主流的"感知—思考—行动"范式制造出的机器(Bekey 2005)。加利福尼亚州斯坦福人工智能实验室的负责人塞巴斯蒂安·特龙(Sebastian Thrun)同样认为机器人是有能力"认知复杂事物并作出恰当决策"的机器(Singer 2009：77)。还有人强调机器人是能够学习并作出改变以适应环境的机器。联合国 2005 年世界机器人学报告给机器人作出了一个一般的定义：以半自动或全自动方式运作的、可以重复编程的机器，可以执行生产操作(例如工业机器人)，或是提供"有利于人类福祉的服务"(例如服务型机器人)。

这些定义并没有消除所有疑虑。对机器人自主性或智能的提及通常会引起误解。在 2011 年 3 月 30 日英国国防部《关于"无人飞行器系统"联合条令备忘录》(UK Ministry of Defense Joint Doctrine Note on "unmanned aircraft systems")这份文件中，自主性的概念被理解为与一个"能够理解更高级别的意图和指令"的系统相联系。不仅如此，根据该份文件，"关于人工智能达到(与复杂和聪明的自主系统相提并论的)时间有多种估计，但基本上公认是在 5 年至 15 年之间，还有一些猜测的时间则远晚于此"。反对者们认为这一论断十分"荒唐可笑"，在《自动化战争》(Automating Warfare, 2011)一书中，诺埃尔·夏基(Noel Sharkey)

认为，且不说这些词语的比喻性使用，机器人不可能"理解更高级别的意图"，在可预见的未来它们也不会像人类一样思考。与他的观点相似，肯尼斯·希玛(Kenneth Himma)在《拟制行动能力》(Artificial Agency, 2007)中认为由于缺乏必要的意识、自由意志和意图，机器人和其他人工智能体(AAs)无法满足自主行为所要求的必要和充分条件。

撇开科幻情节不谈，一些类型的机器人已经对社会交往的原则、国家之间的基本规则甚至是法律的基础提出挑战。"即使它们只有一台冰箱的智慧"(Floridi 2007)，机器人可以通过改进一系列的指令来改变自己的内在状态，并且不需要外部刺激就可以转变属性。因此，它们可以通过控制自己的行为来成功处理任务而无需人类的介入。正如2007年欧洲机器人研究网络(EURON)机械伦理学路线图所指出的："在数年内我们将与具有自我认知和自主性的机器人共存——以这些词汇在工程学上的意义。"(Veruggio 2006)机器人这种特定的自主性，即自己能够作出决策，似乎在军事机器人科技等领域显得尤为关键：美国军方目前资助了美国一半以上的人工智能研究和开发(R&D)。因此，关注军事机器人应用程序有益于进一步揭示机器人能够支配(nomos)它们自己(auto)这一概念，即在一般意义上具有自主性(autonomous)。

举例来说，在无人飞行器(UAVs)领域，应当区分"自动"和"半自动"机械。有些无人机，例如美国空军的RQ-1和MQ-1掠夺者(Predators)，应当被认为是半自动的。其他的无人机，根据英国国防标准对自动飞行的定义，则是完全"独立于实时的无人飞行器—飞行员控制输入"。比如全球鹰(Global Hawk)和美国海军反舰导弹防御系统Phalanx CIWS是完全单独操作的。目前有四十多个国家正在开发更为复杂的自动化致命武器和其他种类的机器人士兵，这一发展被学者概括为"杀手机器人"(Sparrow 2007; Krishnan 2009)、"机器人致命行为"(Arkin 2007)和"自动化军事机器人"(Lin et al. 2008)。尽管这些机器并没有自我意识，也并没有任何"更高级别的意图或指示"，但是它们可以超出人类的直接控制去行动和决策。诺伯特·维纳(Norbert Wiener)在

3

《人有人的用处》(The Human Use of Human Beings, 1950)一书中恰当地针对"机器人自主性"作出警告:在战场上使用机器人可能会降低宣战或参战的条件,导致武力的过度使用,违反区分和豁免的原则,并且甚至可能引起意外战争。通过思考现代机器人士兵对传统范畴的诉诸战争权(ius ad bellum)(即何时和如何诉诸战争能够被正当化)和战时法(ius in bello)(即何为战争中的正当行为)的影响,可以说机器人行为的威胁和"机器人"这一概念同时产生。

"机器人"一词最早出现在卡雷尔·恰佩克1920年的戏剧《罗素姆万能机器人》中。这部戏剧的情节是关于一家生产人造人——"机器人"的工厂,这些机器人的叛乱最终导致了人类的灭绝。在第二幕中,坐落于一座孤岛上生产了成千上万机器人的R.U.R公司,其总部成员疑惑为什么这些机器会反抗人类。R.U.R公司生理学和研究部负责人高尔博士猜想他们犯的"决定性错误"是将一部分机器变成了"机器人士兵"。

> 这只是欧洲常犯的老一套的罪恶。他们就是不能把该死的政治抛开,他们让机器人去打仗,他们把得到的机器人变成战士才会导致针对人类的罪恶。(Čapek 1920,第二幕)

现实发展的速度有时候会超越幻想:2005年以来,美国无人机空中战斗巡逻增加了1 200%,在巴拉克·奥巴马总统在任期间,巴基斯坦境内的空中打击频率提高了十倍,"从乔治·布什总统在任期间的每四十天一次到每四天一次"(《经济学人》2011年10月8日,第32页)。值得注意的是,法外处决问题特别调查员克里斯托弗·海恩斯(Christof Heyns)在其2010年向联合国大会提交的报告中强烈要求联合国秘书长潘基文召集专家解决"是否应当允许致命性武器完全自动化这一基本问题"。

机器人的行为在其他领域似乎也是风险源和潜在威胁:人工智能经纪人、电子代理人和智慧数字界面等"机器人交易员"的使用可能促成了2008年下半年的金融危机。21世纪初以来,由宾夕法尼亚大学和雷曼兄弟共同开发的零智能机器人("ZI" agents)的相关实验表现出了令人不安的、与人类投机者相似的贪欲。在《非人类的权利?》(Rights of Non-Humans?, 2007)一文中,君特·托伊布纳(Günther Teubner)总结了这些担忧,认为机器人技术和其他智慧型人工主体会引起已经困扰过卡尔·马克思(Karl Marx, Entfremdung, 异化)和马丁·海德格尔(Martin Heidegger, Verdinglichung, 物化)的社会生活中异化和物化的问题。其基本的想法是具有自主性的人工主体"创造了具有侵略性的新行动中心作为基本生产部门",因而我们应当将"由电子代理人处理的经济、社会和技术事务……收回人类控制"(Teubner 2007:21)。

不可否认,金融市场上机器人交易员和战场上自动化致命武器的使用十分令人担忧。然而我们要避免笼统地一概而论。尽管机器必然地"异化"(Marx)和"物化"(Heidegger)人类生活,我们应当注意到联合国2005年世界机器人学报告中说的,机器人的应用提供了"有益于人类福祉的服务"。首先,就在高速公路上自动行驶的智能汽车来说,这是在科幻电影中深受欢迎的一种物品,例如《蝙蝠侠》(Batman, 1989)中迈克尔·基顿的蝙蝠战车,以及《超级战警》(Demolition Man, 1992)、《时空特警》(Timecop, 1993)、《少数派报告》(Minority Report, 2002)和《我,机器人》(I, Robot, 2004)等电影中更加先进的人工智能汽车。在过去十年中,研究人员(如斯坦福大学和卡内基·梅隆大学)、行业人员(如通用汽车和大众汽车)以及兼具研究和商业属性的谷歌公司已经让这个梦想成为现实。2011年6月内华达州州长签署法令,有史以来第一次授权无人驾驶汽车在公共道路上行驶。当然,这并不意味着现在的人工智能驾驶员像好莱坞科幻电影中的汽车一样复杂和精密。此外,内华达州议会(36-6)和参议院(20-1)承认"授权自动驾驶汽车在内华达州境内高速公路上运行的法令"需要很长时间才能通过。尽管如此,托伊布纳认为,考虑到人类驾驶员每年在欧盟引起约130万起交通事故、造成4.1万人死亡,机器人自动化驾驶可能并非一件坏事。

在工业和服务业领域,机器人技术的应用也十分有益。举例来说,

5

20 世纪 90 年代，新一代无人驾驶水上和水下载具开始用于远距离勘测，它们通过避免损害、发出警示信号、维修石油泄漏等方式来承担紧急和危险的管理任务。一些水下机器人被用于阻止 2010 年加勒比海的英国石油公司漏油事故，从而变得深受欢迎。除此以外，一系列的家用人造同伴和帮手，例如机器人玩具和机器人保姆，被设定为用于家庭或个人用途的服务型机器人，为儿童和老人提供关爱和照顾。在娱乐业和音乐产业中，则有日本流行明星机器人歌手 HRP-4C 的成功故事。这个令人惊奇的"歌舞机器人"（"divabot"）由高级工业科技学院(Institute of Advanced Industrial Science and Technology)的媒体互动小组开发，可以唱歌、跳舞、"呼吸"，甚至演出她(!)的节目。HRP-4C 机器人使用了由雅马哈 (Yamaha) 公司开发的 Vocaloid 软件、能够合成歌曲音符的 VocaListener 软件以及能够让 HRP-4C 在伴随歌曲舞动时分析表演者面部肌肉活动的 VocaWatcher 软件。尽管不得不承认玛利亚·卡拉斯机器人要比现在的 Lady Gaga 机器人更有趣，但是很难认识到为什么这种机器先验地(a priori)与她令人不安的同类，如机器人交易员和机器人士兵，存在相似之处。一些人工智能保姆和人工智能明星的出现引发了关于从属、依附、信任感等方面的许多心理问题。然而回到机器人学的现状，例如托伊布纳的《非人类的权利?》，由于"有侵略性的新行动中心"这一表述而放弃机器人是有问题的。

机器人的使用带来了一系列新的约束和机会，正在转变、重塑甚至丰富个人和社会环境。很多学者都强调机器人善与恶的两个方面，在联合国 2005 年报告中，他们坚持认为军事机器人科技和服务机器人都能"有益于人类福祉"。在介绍《人工智能与社会》(AI & Society)特刊"人工智能的社会影响"（"the social impact of AI", 2011)时，格雷格·迈克尔森和露丝·艾利特强调"在目前成熟的人工智能学科领域取得的新进展……重新引起了关于人类和机器之间关系的社会和伦理问题"，也加剧了"杀手机器人"和"友善的冰箱"之间的紧张关系。约翰·萨林斯在介绍《哲学与技术》特刊"机器人学：战争与和平"（"robotics： war

6

and peace")时同样认为，我们和机器人之间关系的伦理问题可以通过思考以下两种极端情况得到有效处理：一种情况是"战争机器人"，例如MQ-9 收割机(Reapers)或 C-3PO 终结者(Terminators)可能会作为托伊布纳关于机器人学的"有侵略性的新行动中心"这一观点的象征出现；另一种情况则是"和平机器人"，例如日本流行歌手 HRP-4C 和医学领域的达芬奇手术系统。从这一观点来看，机器人的共性最终是围绕这项技术的规范性的挑战，即"为什么我们应当或者不应当将这些系统配置在家庭中和战场上"(Sullins 2011)。

对于今天的伦理学、经济学、技术哲学和心理学等领域而言，我们愿意实现的机器人应用程序的类型是一个至关重要的问题。这里关注的焦点并不在于机器人技术如何遵守诸如数学、物理、神经学、生物学等学科的"定律"，而在于在管理技术革新进程时，我们应当或不应当将这些机器根据道德、政治和经济领域的目标来安排部署的理由。图 1.1 可以说明与"机器人法"有关的不同领域的复杂问题。

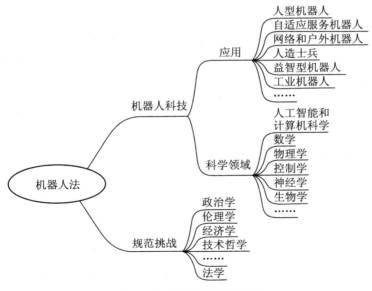

图 1.1　机器人科技的复杂性

通过关注图 1.1 中第二类复杂问题，正如本书所探讨的，能够增加这个模型的复杂程度。除了机器人多元应用和人工智能、计算机科学、控制论等学科的定律之外，为应对这一领域的法律挑战，"机器人法"同样受到了仔细的审视。第一个问题就是从"法律的规律"角度明确机器人学的共同特点是什么。

在确定"法律的内容是什么"时，学者传统上会将法律与其他研究领域例如政治学、伦理学和经济学区分开。然而有学者认为法律最终取决于这些研究领域：一位现实主义者会将法律追溯至政治，一位自然法传统的拥护者则会追溯到伦理学，一位法律的经济学分析的专家(或是一位正统的马克思主义者)将追溯至经济学，而一位科技决定论学者会追溯至科技，等等。只要提到一位"还原论者"例如意大利哲学家贝奈戴托·克罗齐(Benedetto Croce)的观点就足以说明了。在《法哲学与经济哲学的还原》(Riduzione della filosofia del diritto alla filosofia dell'economia, 1907)一书中，他总结了法哲学家将自己的法学领域与道德领域相区隔的努力，这种区隔被视为是法律科学领域的"合恩角"(Cape Horn)。基本情况是法律学者想要尝试征服这个问题，却得到"概念风暴"和"船只沉没"的结局。考虑到今天在法学理论上的争论，以及变化中的实证主义(包容性实证主义和排他性实证主义)、现实主义、制度主义和不同的自然法传统如何理解法律和道德之间的联系，为了厘清机器人法的法律研究途径，法律现象的规范结构中的一些词语似乎是必要的。法律的性质和它与道德领域的联系可以通过审查个人(和机器人)承担责任的情况来恰当理解。[1]

回顾一下个人由于自己的错误造成损害后果从而承担责任的案件。当一个人自愿地作出法律所禁止的行为时承担责任是很典型的，例如将小型无人直升机用于珠宝抢劫中。在刑法中，对这种行为的法律责任通常与个人道德责任和行为应受谴责性的看法相联系。刑事被告人应当经历常规的道德评价程序来确定他们是否在法律上有罪。在民法中(与刑法形成对照)，基本思路是相似的，即个人由于错误对别人造成了不法

的或意外的损害时应当承担责任。这一传统观点被罗马格言总结为
"alterrum non laedere"，即"不得伤害他人"。尽管还能给出更多的例
子，但法律和道德的理由可以重叠这一观点已经很清晰了。这一点我们
在下文中还会提到。

尽管，在其他的情况下个人也会面临法律责任，但是并不需要承担
道德责任。法律(与道德形成对照)责任的第一种情况涉及"法无禁止即
可为"的观念。在刑法中，这一原则与豁免条款相联系，在欧洲大陆，
这被总结为合法性原则的内容，即"罪刑法定"(nullum crimen nulla
poena sine lege，法无明文规定者不构成犯罪亦不得处罚)。尽管某些行
为在道德上可能被认为是错误的，例如通过家用机器人监视他人，行为
人只有在明确的刑事规范之下才需要对这一行为承担刑事责任。1950 年
《欧洲人权公约》(1950 European Convention on Human Rights)第 7 条有如
下字句："任何人的作为和不作为，在其发生时根据其本国的国内法或
国际法不构成刑事犯罪的，不得因任何刑事指控被判有罪。"[2]反之，法
律中还对无过错责任的情况进行了规定，即不考虑行为人的主观意图或
一般注意。尽管一个行为可能被认为在道德上没有问题，但一项条文或
特别规范可以为该行为设定责任。这种情况的一个例子就是编辑者、出
版者和媒体机构(报纸、电视频道、广播等)，尽管存在最终的非法或有
罪行为，但这些当事人要因雇员造成损失而承担责任。在许多其他类型
的案件中，当法律不考虑行为人的主观意图而要求其承担责任时，这一
机制就会被援引。个人除了要为他们宠物的行为和在大多数法律制度中
为他们孩子的行为负责，这种严格责任还适用于大多数机器人的生产者
和使用者。

回到法学理论中克罗齐的"合恩角"，我们可以从更广泛的角度进
一步阐明法律在规范性方面的努力，即区分普通案件和疑难案件(比如
Hart 1961；Dworkin 1986)。解决克罗齐提出的问题的方法是存在的，通
过把注意力吸引到在法律推理中使用了大量复杂概念，但仍不会对如何
适用法律上的责任条款和条件产生疑惑的案件上来，我们能够避免风暴

9

和概念性破坏。赫伯特·哈特认为，这些是在法律问题方面很清晰的案件，也就是说，"一般条款无需解释，并且对于情况的认识看起来是没有疑问的或者'必然的'……对事实的判断和条款分类适用存在一般共识"(Hart 1994：123)。刑法中的豁免条款和侵权法中适用无过错责任的案件可能代表普通案件中的一类，在这些案件中，个人的道德和法律责任之间的区别完全不成为问题。在这本书中，我们将看到关于原则、规范和法律体系规则如何发挥作用的这一共识的更多例子：即，在共犯刑事案件中依据刑法责任模式承担责任的案件(第三章)；在民法领域依据两个人之间的自愿协议而承担责任的案件(第四章)；直至侵权法中针对危险行为的严格责任(第五章)。法律推理中的这一概念网络允许学者检验由机器人引起的不可预测的情况和风险，这一过程在过去的技术革新中也经历过。

　　然而仍然有学者(和诉讼案件双方当事人)可能存在分歧的案件。此处克罗齐的"合恩角"的风暴和概念性破坏表现为被学者称为疑难案件的一类法律问题，例如，分歧可能是关于构成该法律问题的条款的含义，或者这些条款在法律推理中是如何互相关联的，又或是在案件中至关重要的法律原则所扮演的角色。然而哪些原则、哪些概念以及哪些法律推理将有可能导致法律僵局，必须结合法规、国际协定以及普通法(与大陆法系形成对照)传统中的案例法共同确定的规范和条款来决定。对法律的逻辑和性质的研究，例如克罗齐关于法哲学的研究，可以说是一项必要但是材料不充分的研究：为了确定一项法律问题是困难的还是简单的，我们不仅需要法哲学家的努力，还需要关于实在法的专业知识。举例来说，针对军队中的机器人应用，应当关注1907年《海牙公约》，1949年以来四份《日内瓦公约》以及1977年两份附加协议，这些文件规定了现代战争法和人道主义法国际框架。在像是民用无人飞行器的案件中，注意力应当放在1948年芝加哥《国际民用航空公约》(the 1948 Chicago Convention on International Civil Aviation)和欧洲的第216/2008号欧盟法规。在民用水上和水下无人工具的案件中，法律参考依据

10

是海事法中 1972 年国际海事组织(IMO)的《国际海上避碰规则公约》
(COLREGs)。

机器人法的这种研究途径的两个方面,即法哲学家的观点和实在法
专家的知识,可以在某种界面或抽象层面总结起来[3],通过这种方法,
本书将致力于描述、检验和讨论机器人法。我建议通过法律的规律为设
计、生产和使用机器人规定正当性的条件,将这种法律作为元技术法,
即作为管理其他技术手段的方式。这个角度可以进一步阐明法哲学论题
(例如法律的性质、概念、法律推理)和实在法条款。图 1.2 总结了这一抽
象层次:

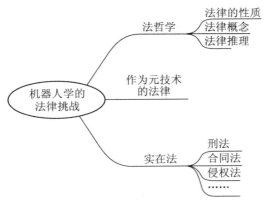

图 1.2 律师的法哲学和哲学家的实在法工作

在柏拉图的《理想国》(The Republic)一书第四卷中就提到了这样的
观点:"我的好阿德曼图斯,我们所制定的规则并不像我们想象的那样
是一些伟大的原则,而仅仅是琐事而已。"(Plato 2006)在这一语境下,
法律管制的努力可以用《纯粹法学理论》(Pure Theory of Law, 1934/2002)
和《法与国家的一般理论》(General Theory of the Law and the State, 1945/
1949)中的观点来阐明。汉斯·凯尔森(Hans Kelsen)在书中为法学提供了
一种经典解释,即通过肉体制裁的威胁来实施的"一种强制性命令的特
定社会技术":"如果 A,则 B。"这个法律公式展示了"应该是什么"
(Sollen,应该),而非"是什么"(Sein,是),也就是说,应当根据法律责

11

任的条款和条件(A)来确定惩罚性制裁(B)，而非根据自然原因(A)来确定影响(B)。规范的因果关系和自然的因果关系的区分意味着法律的目的所在，管理技术创新正当性的条件(A)取决于法律责任(B)的情况。在《法与国家的一般理论》中有这样的说法："将法律秩序和其他社会秩序区别开的是它通过特定技术手段控制人类行为这一事实。"一旦这种技术约束其他技术甚至是技术革新进程，我们或许可以据此将法律视为元技术。

　　诚然，不必认可凯尔森的本体论观点，法律可以被认为是一种元技术。本书所选择的立场并不意味着法律仅仅是一种社会控制方式，或者除法律外不存在其他的元技术机制。相反地，由作为元技术的法律定义的抽象层次目的在于，一是描述法律系统如何通过复杂的概念体系应对技术革新进程，例如行动能力、责任、义务、举证责任、豁免条款和不当损害。分析集中于设计、制造和使用机器人正当性条件上，如同学者自从 19 世纪末开始检验自动化对法律的影响以来一直做的那样。这包括了君特(Günther)的《机器权利》(Das Automatenrecht, 1892)、舍尔斯(Schels)的《机器的刑事保护》(Der strafrecheliche Schutz des Automen, 1897)、席勒(Schiller)的《机器的法律关系》(Rechtsverhältnesse des Automen, 1898)和厄特尔(Ertel)的《机器滥用及其特征和不法行为》(Der Automatenmissbrauch und seine Charakterisierung als Delikt, 1898)，以及纽蒙德(Neumond)的《自动机》(Der Automat, 1899)。一个多世纪以后，仍存有一个相当强烈的共识：在大量的案件中，管理机器设计、制造和使用的规则(凯尔森的条件"A")并未受到挑战，据此得出的法律责任(结果"B")也没有改变。

　　与凯尔森的意见不同，我们应当将注意力放在机器人科技对法律形式体系的影响上，以及我们如何领会与法律目的有关的特定关键词的含义来管理技术革新的进程。这种影响将我们带回法律上的疑难案件，以及我们应当如何处理这些案件。有人确信"要为多种多样的案件所带来的问题寻找唯一正确的答案是不可能的，这不同于一个在多

种冲突利益之间合理妥协的答案"(Hart 1961：128)。与之相反，其他学
者例如罗纳德·德沃金(Ronald Dworkin)和他的"正确答案"论点的追
随者们，以与道德相协调的方式解释法律，因此，给出特定的法律
问题的性质和这个问题的背景和历史，例如是否要在一项联合国发
起的协定中禁止机器人士兵，律师们就能够获得证明或符合法律完
整性的最佳解决方案。

这意味着要通过法律责任的概念(凯尔森的"B")和行动能力(即凯
尔森的"A"中的关键词)来限定分析和总结关于机器人设计、制造和使
用正当性条件的原则、标准和规则的焦点。这种更为精准的视角强调所
有的案件都关注于机器人法的共同之处，也就是主体需要承担责任的情
况，不论该代理人是人类还是拟制人。不论唯一正确的答案存在(德沃
金)或是不存在(哈特)，我们必须初步确定技术研究和发展的法律框架的
构成条款，以便在当下的争论中选择立场。理论上来说，关于主体资格
的三个法律概念是关键所在：

(1) 拥有自己权利(和义务)的法律上的人；

(2) 能够建立民法上权利和义务的适格主体；

(3) 这一体系中其他主体的义务来源。

同样还要强调主体承担法律责任的不同类型的案件：

(1) 上文提及的豁免条款(例如合法性原则)；

(2) 严格责任的条件(例如编辑的无过错责任)；

(3) 基于过错的损害责任的案件(例如故意侵权行为)。

在这个基础上，可以区别出三个不同层次的分析：

(1) 法律体系中机器人行为的不同方式(凯尔森的"A")；

(2) 生产和使用这种机器导致的后果(凯尔森的"B")；

(3) 技术对法律体系的总体影响，从而确定一个案件是普通案件还
是疑难案件(例如 Dwokin vs.Hart)。

表 1.1 通过九种可能的情况总结了这一方法：

表 1.1　机器人行为和法律责任的 9 种典型情况

承担责任的机器人	豁免(I)	严格责任(SL)	不法损害(UD)
作为法律上的人	I-1	SL-1	UD-1
作为适格主体	I-2	SL-2	UD-2
作为损害的原因	I-3	SL-3	UD-3

13

　　根据表 1.1 可以观察到的机器人行为的法律责任厘清了这一领域的哲学挑战，例如这一领域的疑难案件，以及制定法上的法律责任，例如机器人犯罪。我们来熟悉一下机器人行为法律责任的这几种典型情况：

　　"I-1"、"SL-1" 和 "UD-1" 的共同之处在于机器人应当被认为是一个拥有自己的权利(和义务)的适格的人，也就是我称为机器人解放阵线(the front of Robotic Liberation)的论点。"I-1" 意思是一个人被豁免条款保护，例如合法性原则。"SL-1" 代表机器人作为完全行为能力人(sui iuris)承担无过错责任的案件。最后，"UD-1" 关注在为他人引起的损害提供保护：例如国家、合同的对方当事人和侵权法中的第三人。

　　"I-2"、"SL-2" 和 "UD-2" 都认为(有些类型的)机器人能够胜任商法中的严格主体：例如谈判和签订合同。"I-2" 与民法(与刑法形成对照)中的豁免条款有关，例如根据避风港条款获得保护。"SL-2" 反之强调了机器人的法律责任而不论个人的意图或错误。"UD-2" 强调这种主体应当受到保护，使之免受不法损害。

　　最后，"I-3"，"SL-3" 和 "UD-3" 总结了学者们的传统观点，即机器人不会影响到法学的根基。机器人在法律体系中只是工具而非主体，仅能表现为其他主体的责任来源。因此，"I-3" 意思是人类和拟制人(如公司)逃避由机器人造成的损害责任，例如战争法中的豁免条款。"SL-3" 强调当今针对机器人设计、制造和使用的严格责任政策。"UD-3" 关注人类因疏忽大意或者故意的不法行为而承担责任的案件，这种情况应当加入前述无过错责任的假设中。

　　根据表 1.1，法律想要通过复杂的概念体系监管技术革新进程，结

果是回到一个传统的焦点问题:"谁来承担责任?"这个问题提出了制定法中复杂案件的三种情形。争论可能集中在:

(1) 机器人的法律人格和宪法权利;

(2) 机器人在合同中的法律责任以及这种自主性如何影响法律的其他领域;

(3) 人类为他人行为承担责任的新类型。

一旦发现机器人法中可能出现的疑难案件,我们就必须提高这一模型的复杂程度:"谁来承担责任?"这一问题在刑法、合同法和侵权法等领域通常意味着不同的内容。机器人的自主程度有时足以在合同责任上产生相关的影响(即"I-2"、"SL-2"和"UD-2"),但可能不足以将机器人带到刑事审判的法官面前并宣告它们有罪(例如"SL-1")。同样地,当机器人被当作体系中其他主体的法律责任来源时("I-3","SL-3"和"UD-3"),注意力应当集中在我们所称的"(行动)主体承担责任"的不同情况。在刑法中,处罚的正当性基础有不同理由,例如报应主义论以及特殊和一般预防论。在民法(而非刑法)领域,政府强制赋予的义务可以否决合同双方订立的条款和条件。在侵权法领域,行为人要对第三人遭受的不法损害承担责任,即对系统中其他主体造成了损害。这种不同法律领域的区别意味着要通过抓住每部法律的个体特征来使该模型的焦点更为集中。这种更为精准的视角可以通过图1.3中的新体系予以阐明:

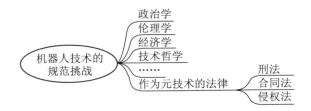

图 1.3 机器人承担责任的三个法律领域

通过提高这一模型的分辨力,出现了新(类型)的法律问题。避开科幻场景不谈,第三章探讨了关于机器人技术和刑法中的流行争论,例如负刑事责任的机器人。在探讨法律责任和主体资格事项(第二章)之后，可以看到机器人从两个不同的方面正在影响法律的基本原则。第一，这些机器人引发了一些专属于刑法领域的问题，绝大多数与豁免条款有关。除了豁免军队和政权当局在战场上使用机器人，我们还要确定机器人的行为是否落入法律体系的漏洞中，从而迫使国内和国际立法者介入，就像是 20 世纪 90 年代初出现新型计算机犯罪时他们所做的那样。第二类法律问题关注机器人日益增长的自主性如何影响法律体系的核心理念，例如合理性、可预测性或可预见性，而个人的过错正是取决于此。既然很难预测哪种类型的损害可能随后发生，有学者提出了无法建立因果关系的主张(Karnow 1996)。对于刑法学家和侵权法、合同法专家来说，这类案件都属于疑难案件：例如，两个人之间的条款和条件通常在确定哪一方要对犯罪集团中涉及的机器人负责时是至关重要的。值得强调的是，2010 年一些犯罪人在一起珠宝抢劫中利用了小型机器人直升机。[4]在刑法上合理的可预见性的讨论之后，这一类疑难案件还应当进一步在合同法和侵权法领域探讨。

第四章讨论的出发点是联合国欧洲经济委员会 2005 年世界机器人学报告，主要关注"和平机器人"，例如环境机器人、外科手术机器人和益智机器人。机器人设计、制造和使用的责任和法律义务在合同责任中是作为风险和可预测事项来建构的。除了人工智能医生和商业软件智能体这样的认知自动机以外，一些风险更大的应用，例如零智能机器人和无人驾驶汽车(UGVs)，代表了另外一类疑难案件。除了合同上的合法代理这种新类型(即"I-2"、"SL-2"和"UD-2")，机器人这种通过自己的有意行为代表人类设定权利和义务的能力，意味着这样的风险：一个人可能由于他的机器人的行为导致财务陷入困境。有人认为通过严格责任政策实现"事故控制的最好办法可能是削减行动规模"(Posner 1973：180)。然而要避免立法导致人们在使用或制造机器人之前过分犹豫是完全可行的：考虑为这些机器建立起新的保险和法律责任的模式，例如机器人的"数字特有产"。与传统的分配责任和风险的方式相反,"仅由机器人承担"有时能够成为解决合同问题的合理方法(Chopra & White 2011)。

第五章讨论了合同外责任,即机器人伤及第三人而非合同相对方。一般律师定义下的侵权法处理私人之间由政府施加的填补不法行为所导致损害的义务。在大陆法系传统中,这种合同外责任可以追溯到古罗马法中的阿奎利亚法保护,这种责任形式来源于人们应当为自己的错误所导致的他人不法或意外损害承担责任这一观念。机器人日益增长的自主性所带来的新类型的疑难案件与我们如何解释为他人行为承担一类新责任有关。有史以来第一次,法律体系认为人类对人工状态转换系统"决定"做的事负有责任。不仅如此,对这种责任起决定性作用的是我们面对的不同种类的机器人:机器人保姆、机器人玩具、机器人驾驶员、机器人雇员,等等。在机器人法领域这是最具有创新性的方向之一,原因是为儿童、宠物和雇员的行为承担责任的传统形式不得不以新的严格责任政策进行补充完善(例如波斯纳),或者也可以选择通过保险模式、认证系统和证明责任分配机制来缓和(传统与现实的冲突)。

第六章将我们带回到作为元技术的法律。前文提及的不同类型的疑难案件,并不意味着法律管控技术革新进程的目的必然不能得到实现。根据表1.1(即"I"、"SL"和"UD"的几种情况),我们可以准确描述案件和具体法律分歧的种类,然而大多数时候,关于设计、制造和使用机器人的正当性条件以及责任后果两方面的强烈共识能够被幸运地发现。这种一般共识能够更简单地辨别这一领域的潜在疑难案件。通过区别人格(即"I-1","SL-1"和"UD-1")、传统豁免("I-3")、因果关系("UD-3")、合同中的拟制行动能力("I-2"、"SL-2"和"UD-2")和侵权法中的新责任类型("SL-3")的概念,我们能够决定哪些案件应当被认真对待或是优先处理。例如有学者认为在可预见的未来,机器人在法律上的人格看起来是不必要甚至是不合宜的(Sartor 2009)。然而你可以既成为机器人解放阵线的支持者,同时承认针对新的机器人犯罪("I-3")的规则应当优先于表1.1中的"I-1"、"SL-1"和"UD-1"。

16

17

17 　　本书的结论总结了学者们如何处理这个 20 世纪 40 年代早期被阿西莫夫首次提出的"机器人学"领域的挑战。七十多年后,值得注意的是他如何在描述的情节中预见今天争论的关键问题:机器人的法律人格、如何理解"法律的规律"这一逻辑问题,以及机器的设计应当包含和处理复杂信息例如现行战争法和交战规则。在法律和文学之间,阿西莫夫故事中的信息看起来很清晰:既然机器人要留在这里,法律要做的应该是明智地管理我们彼此的关系。

注释

1. 法律和其他学科例如政治学、经济学和科技的联系将在第五章深入讨论。

2. 如律师所知,《公约》第 7 条第(2)款是本款的保留条款,规定"本条不得妨碍对任何人的作为或者不作为进行审判或者予以惩罚,如果该作为或者不作为在其发生时,根据文明国家所承认的一般法律原则为刑事犯罪行为"。规定这一条款的目的是为了涵盖针对纳粹的纽伦堡审判中的例外案件。

3. 关于"抽象层面"的方法论,我利用了卢西亚诺·弗洛里迪的研究成果。参见《抽象层次的方法》(The Method of Levels of Abstraction, 2008)以及近期的弗洛里迪的《信息哲学原理》(Pricipia Philosophiae Informationis)第 2 卷,名为《信息伦理学》(Information Ethics, 2013)。通过变化"界面","可观察到的东西"也会相应变化:这种方法的更多细节见本书第二章第一部分(三)。

4. 《自然》(Nature), 2011 年 9 月 22 日, 第 399 页。

第二章

法律、哲学和技术

现在我们在哪？

确切的解释。不同规则之间的冲突被大脑中不同的正子潜力所
消除。

艾萨克·阿西莫夫,《环舞》(Isaac Asimov, Runaround)

关于机器人犯罪、合同以及侵权的新一代问题有一个共同点，那就
是法律上要求明确谁来对一个机器人的行为或疏忽负责：当事情出现问
题时，"谁来承担责任？"律师通过确定这种自治的甚至是"智能"的机
器是否应该被视为系统中的法律主体、适格主体或基于法律责任的责任
人，以此来决定在法律机器人领域的不同层次的责任及行动能力。在实
在法的疑难案件中，关于机器人人格存在三种情况，包括合同中的责任，以及对他人行为应负的新类型的责任。然而，"谁来承担责任？"在
刑法、合同法和侵权法领域往往具有不同的含义，例如，机器人自治的
程度有时足以产生合同义务领域的相关影响，却不足以使得机器人在刑
事法庭中被宣布有罪。

技术哲学和法律社会学的研究，认为法律应该规范科学研究和技

术，可以比喻为阿基里斯和乌龟的经典形象(阿基里斯悖论)。通过改变芝诺(Zeno)悖论，法律的步伐似乎太慢，无法赶上科学和技术创新的速度。自从伽利略在 1633 年接受了关于神经科学和生物伦理学辩论的审判以来，政治家和立法者们就不这么认为了。尽管我们确实能够阻止科学家的步伐，例如，对伽利略的审判，然而争论的结果是，技术的竞争是如此的坚决和强大，以至于它并不能被法律手段所阻止。凯文·凯利(Kevin Kelly)在他关于《技术需要什么》(2010)的研究中提出了为什么会出现这种情况。他在技术的特征和产出之间描绘了一个直接的比例规则："我们在技术的特定表达中观察到的外来特征的数量越多，它的必然性和共生性越大。"(见前引书，第 270 页)一旦我们理解了人类使用工具已经超过几十万年的规律，就意味着揭开一个已经写好的未来似乎是可行的。与法律的规律相反，技术法则让我们能够找到人类进化的逻辑：从早期人类的类人猿部落的英雄将骨头作为武器开始，到库布里克(Kubrick)著名的有关轨道卫星的电影——《2001：太空漫游》。

这一技术观点使得一位来自卡内基·梅隆大学的杰出研究者汉斯·莫拉韦克(Hans Moravec 1999)宣布，智能机器人将继承人类，并且我们作为一个物种将面临灭绝。同样，雷·库兹韦尔(Ray Kurzweil)的《奇点临近》(2005)描绘了在未来，通过技术手段出现的(产物)将比人类更为聪慧。库兹韦尔认为，这一奇异的事件可能发生在 2045 年，通过这个补充的网站(http://singular- ity-2045.org/)急切地想要告诉人们，我们应该把纳米机器人、人工智能和机器人技术视为引起这一奇异事件发生的主要因素。因此，学者们必须准备好处理新一代的法律案件，特别是新型犯罪。例如，在《机器人战争会有多正义?》一文中，彼得·阿萨罗(Peter Asaro)提出了挑战国家主权和机器人革命的假说；在《自主机器人和法律》中，费尔南多·巴里奥(Fernando Barrio)推测了机器人性犯罪；2007年发表在《计算机伦理》杂志的《机器人暴徒》中，卡森·雷诺兹(Carson Reynolds)和石川正敏(Masatoshi Ishikawa)阐述了机器将选择犯罪并最终实施犯罪的观点。根据这些观点，新型案件将出现机器人对其令人遗憾的行为负责的情形，由于机器人的自我意识可以使科幻小说的场景变得更具体化，例如，一场机器人革命引发一个新的网络斯巴达克斯。此外，盗窃和杀人等传统法律概念的含义也会发生变化，因为这一因素引起该智能体的罪责，这种犯罪意图，将根植于一个真正"想要"这么做的机器的人工头脑中。

然而，正如在引言中提到的，我们既不需要科幻场景也不需要技术确定论的立场来确定信息革命正在影响法律原则。除了将专家的方法转化为法律信息之外，例如人工智能和法律等领域的发展，技术也带来了新类型的诉讼或者修改了现有的诉讼，如计算机犯罪(例如，身份盗窃)等新的罪行一旦被剥夺了它们赖以生存的技术，将会难以想象。此外，对版权和隐私等传统权利的反思，都变成了数据环境中信息的获取、控制和保护的问题。通过审视机器人技术所带来的法律挑战，我们必须明确提出这些处于危险中的法律推理的概念和原则。那么，我们可以开始确定信息革命是否：(1)影响了这些概念和原则；(2)创造了新的原则和概念；或者，(3)它们根本不相关，后者是传统法律学者的观点。为了区分这些不同的情况，本章分为四节。

其次，法哲学家和法律学者争论了几十年的有关自动化和人工智能技术问题已经被评估。赫伯特·哈特对法律哲学的研究方法似乎特别有用，以便总结可能受到机器人技术进步影响的法律推理的概念和原则。

本章第二部分侧重于责任原则，以及关于法律责任和义务的概念。这种更严格的分析进一步确定机器人技术的研究和开发是否改变了一定的法律基础。

这一观点在本章第三部分中得到深化，其中包括行动能力的概念以及机器人是否真的"行为"。在定义了责任之后，对法定行动能力的概念再次具体化，从而针对机器人的行为进行不同类型的责任划分。

在本章的最后一部分，目的是阐明为什么法律责任和行动能力概念所界定的抽象层次是特别有效的。毕竟，这种抽象层次使我们能够构建传统的法律追求："谁来承担责任？"

21

一、 法律哲学与机器人

关于法律哲学与机器人的研究可以用艾萨克·阿西莫夫的著作来介绍。在过去的 70 年，自 1942 年的小说《环舞》开始，阿西莫夫的作品关于不动机器人、金属机器人或仿人机器人，到现在包括《机器人短篇全集》(Asimov 1995)，代表了这项技术对法律挑战的参照。

此外，他们已经预料到今天有关机器人法律的一些最相关的问题。从方法论的观点来看，阿西莫夫的故事呈现了一个富有成效的抽象层次，我们可以适当地引入一套在机器人法律中找到的法律原则、概念和推理方法。

随后是卢西亚诺·弗洛里迪关于抽象层次方法的评论，选择通过描述、分析和讨论某一特定领域的这一观点。对系统可能进行分析的界面的抽象层次，包括一组能代表分析观察值的特征，这些结果能够为这一领域提供模型。本书的方法论通过本章的第一个图表来说明模型的界面，它的观察值和变量。(见图 2.1)

22

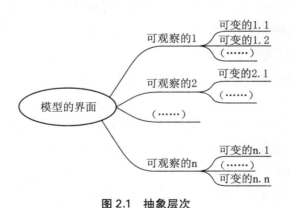

图 2.1　抽象层次

接下来，以他著名的机器人定律为例，对阿西莫夫作品的抽象层次在本部分(一)中进行了阐述。由阿西莫夫的故事衍生而来的话题和法律问题在本部分(二)中展现，与赫伯特·哈特在《法律的概念》中提出的法理学的三段论方法论相一致。最后，本部分(三)的重点是分析所有的观察值和变量的共同点。这种更严格的观点引出了另一个抽象层次，如在本章第二部分中讨论的作为模型界面的责任原则问题。

（一）文学中的法律

阿西莫夫在他的第一部机器人小说《环舞》中构思了机器人三定律，讲述了一个在水星上被遗弃十年以上的采矿站要完成的 2015 任务。故事结束时，两个人，名字是多诺万和鲍威尔，想知道机器人斯皮迪(Speedy)为什么行为这么奇怪。虽然"完全能够适应正常的水星的环境"，多诺万认为机器人斯皮迪看起来像"快喝醉"了一样。经过反思为什么会出现这些奇怪的行为，鲍威尔终于意识到为什么机器人看起来像喝醉了一样：在计算机科学与工程规划的冷静的条件下，事实证明第三定律使得机器人向后，同时第二定律让机器人前进：

> 无线电里鲍威尔的声音在多诺万听来过于紧张："现在，看，让我们开始使用机器人的三定律——三定律已经深入移植到机器人的电子头脑中。"
>
> 我们规定：第一，机器人不能伤害人类，或者目睹人类个体将遭受危险而袖手不管。
>
> 第二，机器人必须服从人类的命令，除非这些命令与第一定律相冲突。
>
> 第三，机器人在不违反第一、第二定律的情况下要尽可能保护自己的生存。(Asimov, The Complete Robot, ed. 1982：271-2)

后来，在《机器人与帝国》(1985)中，阿西莫夫补充了"零定律"：

> 零定律：机器人必须保护人类的整体利益不受伤害。

像《环舞》这样的故事为我们提供了真正的洞察法律本质的机会，只要我们注意到法律在阿西莫夫的作品中所扮演的不同角色。除了智能机器危害国家主权或发动革命的科幻场景，想想阿西莫夫的机器人们通过他们有意识的行为以及他们自己的权利和义务来生产的能力。实证发现新类型的机器人可以开发特定种类的自我知识和自治能力，这实际上已经使得一些学者提出与阿西莫夫的故事平行的建议，因为今天的机器人同样会影响法律的基础，如法律人格的概念、道德行为能力和宪法权利。作者称之为"机器人解放阵线"的支持者认为，"原则上，人工智能体应该能够符合独立的法律人格，因为这是与哲学概念中的人最接近的法律类比"(Chopra & White 2011：182)。一旦我们承认今天的机器人存在"产生共鸣的能力"和"承担有意行为的一种自治"(Hildebrandt 2010)，结果是，律师应该准备严肃对待阿西莫夫的故事："这样的实体的出现可能会要求我们重新思考意识、自我意识和道德行为能力的概念。"(Hildebrandt et al. 2010：559)

24　　　　法律和文学之间的进一步的平行关系是由解释的问题所提出的，即在《环舞》中使得机器人前进和后退的原因。语言的模糊性，以及案件的情况能够影响我们解释这些一般规则的方法，的确使得机器人斯皮迪不能正常活动：机器人不能决定它是否应该"保护自己的存在"(第三定律)，或者"服从人类的命令"(第二定律)。有些人，如罗杰·克拉克(Roger Clarke 1994)，曾提议通过一些默示的法律来解决阿西莫夫规范体系的缺陷：例如，应该增加第二定律的第二部分，这样使得"机器人必须服从上级机器人的命令"。另一些人则强调在法律和文学之间存在更为强烈的平行关系：通过文学作品，如阿西莫夫的作品，可以提高我们对法律现象的理解能力，因为这两个领域都具有叙述的性质。这就是罗纳德·德沃金在《法律帝国》(1986)中所掌握的连接方法，将普通法法理学的形成比作一种连载小说。从这个角度看，法官就像"一群逐一写小说的小说家；每一位链中的小说家都要解释他所写的章节，以便写出新的篇章，然后添加到下一个小说家收到的内容中，以此类推"(见前引书，第 229 页)。

　　然而，相较于探寻法律的本质应该是什么，法律在阿西莫夫的作品中扮演着更重要的角色。例如，德沃金的《法的解释理论》(1982)认为，阿西莫夫的小说提出了一系列的法律问题，围绕如何将规则嵌入这些机器的电子头脑中。这些是设计机器人"安全措施"的"实际工程问题"，阿西莫夫在《机器人短篇全集》的导言中强调(1995：9-10)。除了对在完成水星任务中涉及的诸如服从、保护和不伤害人类这样的术语的法律解释问题，例如阿西莫夫的机器人定律，还有一个问题是通过代码建立和控制机器人的行为。在这里，21 世纪早期工程问题最主要涉及的是机器人技术领域存在的动态的和资金雄厚问题。事实上，军事机器人技术的目的是设计能够理解和处理诸如现行战争法和交战规则等复杂法律信息的机器。一些人声称，我们可以成功应对这样的挑战：就像罗纳德·阿尔金在《管理致命行为》(2007)中所说的那样，"我相信他们(机器人士兵)在伦理中能够比人类士兵表现得更好"。其他人则不那么乐观：美国海军发起的研究承认，在自动机器人中嵌入这些规则时会存在严重的问题，因为这些规范"比阿西莫夫的定律更复杂"(Lin et al. 2007)。

　　学者对阿西莫夫定律持有不同看法，如解释学和军事工程学，表明我们应该注意如何把握法律与文学之间的联系。在林等人(Lin et al.)的案例中，以及在世界各地的一些民用和军事实验室，学者都提到了阿西莫夫的定律用来强调工程师、计算机科学家、法律本体论专家等当前正努力将规范约束植入机器人的计算机芯片中。

　　从哲学的观点来看，这一目的引起了对这种规范性约束的意义的质疑。有些人提议将阿西莫夫的机器人定律与自然法则的传统相平行，因为自然法则是用来指导我们的行为的，就像机器人的定律指导机器人的行为一样(Comanducci 1986)。另一些人则坚持认为两者之间存在不同，"作为代码的定律"可以限制或培养但是不能构成人类的自主性，而"作为代码的定律"构成并定义了机器人的自主行为(Hildebrandt 2011)。

有些学者认为，技术的进步会产生能够自主决策的人工智能体，"与人类制造的所有相关方面类似"(Chopra & White 2011：177)，我们不应该错过提及阿西莫夫定律的不同方式。没有考虑到进一步的分析水平，例如，1948 年《世界人权宣言》第 27 条和著作权等与文学相关的法律，图 2.2 说明了学者们如何强调文学中的，或作为文学的法律：

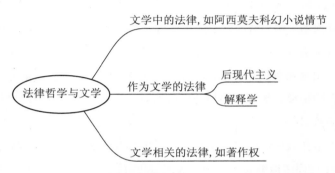

图 2.2　法律和机器人哲学的第一个模型

在这里，重点是文学中的法律。而不是停留在后现代主义的主张，如，作为解释问题的法律的叙事性质，该模型的可观察性涉及由阿西莫夫故事所引发的不同类型的法律问题。哈特在《法律概念》中指出的法理学的三条道路说明了这一界面，这一界面是通过阿西莫夫故事场景预期(或刺激)的机器人定律领域的当前研究所体现的。这并不意味着我们应该接受哈特的任何论点，或者进一步的区分是不合法的。更确切地说，这是一种展示机器人技术领域的主题的方法，今天可以用一个涉及阿西莫夫机器人的案例来说明。

（二）来源、概念和法律推理

根据哈特的法理学方法，在阿西莫夫的机器人小说中可以区分出三种不同的法律问题。首先是涉及"什么是法律？"的伦理问题(Hart 1961)。

阿西莫夫的机器人通过他们有意识的行为、代表人类的权利和义务，进行生产的能力，与之前的机器人解放宣称的一样：我们越是承认存在一个具有人工智能的机器可以提供有意识的行为，新一代的涉及机器人的法律人格的伦理问题就越可能随之而来。然而，考虑到目前在机器伦理方面的研究：目标是建立"道德机器"和教他们辨别是非，在军事机器人这一领域显得尤为重要。在这里，类似于阿西莫夫的工程师，任务是确保机器人的行为能够遵守准则，被军事必要和人性普遍承认，以及旨在防止非法和不道德行为(例如，掠夺)。

阿西莫夫的小说所提出的第二类问题与法律概念的分析有关，如第一定律中的伤害和损害，第二定律的命令和义务，以及第三定律中关于保护的复杂概念。在这方面，重点是规范层次的问题，以及法律规则如何与棋盘游戏中发生的类似的方式相互关联。一个很好的例子是由前述的罗杰·克拉克的作品所展示的，针对阿西莫夫机器人定律，他提出了各种附加的默示法律以填补阿西莫夫的规范系统的空白。特别是，机器人第一定律应该由一个元法则来整合，它决定了"机器人不能行动，除非它的行为与机器人定律一致"。同样地，他建议在第三定律中插入新的第一节，诸如此类。本章第二部分给出了该方法的进一步说明：一个复杂的概念网络，如责任、义务能力、证明责任和豁免条款，补充了阿西莫夫机器人第二定律中的伤害和损害概念。在此基础上，我们可以进一步研究不当损害的概念。

第三类法律问题与"法律和文学运动"所讨论的解释和法律推理有关，正如阿西莫夫的作品所表明的那样，对法律的正确理解是以正确解释法律体系的几套标准为特征的。虽然机器人在阿西莫夫的第一部小说中引用了一种字面阅读的类型，但后来的故事中，只有极其复杂的机器人才开始使用复杂的解释学技术，如严格或扩张解释法律、进化和目的论的文本，等等。为了简洁起见，传统法律解释学的某些流行观点也说明了这一点。

首先，机器人法律的具体特性，即它们的抽象和一般性，需要将阿西莫夫的定律应用到特定的环境中。

案件的情况会影响我们如何解释这些一般规则吗？

27

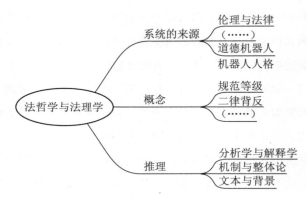

图 2.3　法律和机器人哲学的第二个模型

其次，普通语言的模糊性，在关键术语比如伤害或秩序的情况下，会危及机器保证遵守规则的可能性。是否可以发展可计算模型，使之不仅包括法律规范和概念，还包括法定主体?

第三，改编哈特例子中的规则，一个公园禁止车辆，能否制定一套标准来理解规则的含义? 考虑一个超级市场禁止宠物：我们应该怎么看待这个规范? 这条规定禁止我带我最喜欢的宠物蛇吗?

图 2.3 总结了这一包罗万象的关于机器人法则的观点，这取决于哈特的法理学的三分法。

根据图 2.3 中的法律可观察性，也就是说，掌握"法律是什么?"这个问题的三种方法。(Hart 1961)让我们现在选择一个具体问题来说明模型的法律观察值是如何相互关联的。这一特殊的问题是由 1982 年的《机器人短篇全集》提出来的。阿西莫夫回忆说，当时他还在十几岁的时候，"已经是一名成熟的科幻小说读者"，他把机器人故事分为两类。与机器人的威胁相比，机器人是一种"被残忍的人类所折磨"的机器人：

但当我写第一个故事《环舞》时，奇怪的事情发生了。我设法弄明白了机器人的模糊的视觉，既没有威胁也没有悲情。我开始把机器人看作由实际工程师建造的工业产品。它们是以安全方式建造的，所以它们不具有威胁性，它们是为某些工作而设计的，这样就没有必要涉及任何痛苦。(Asimov, The Complete Robot, cit., 9-10)

阿西莫夫提出的具体法律问题，与传统上用拉丁文表达的责任有关，alterum non laedere，即"不伤害他人"。这是阿西莫夫小说中典型的场景，机器人要么失灵，要么在给定的参数范围内正常工作，但却会对他人造成伤害。当我们思考在这种情况下应该遵循哪些法律的时候，就必须探究法律的来源、概念和法律推理的方式——即模型的法律可观察性——当一个机器人伤害一个人或另一个机器人时，它们是相互关联的。在图2.2所示的"法律和文学"和图2.3所示的传统的法理学方法之后，我们现在必须通过一个新的抽象层次来限制分析的焦点。

（三）抽象层次

每一个抽象层次，如"法律和文学"和哈特的法理学方法，都可以理解为这一组特征组成的界面，即分析的可观察性。通过将机器人的法律挑战作为一种责任问题，重点是与以前的模型相关的一个具体问题：一方面，责任与阿西莫夫机器人第一定律有关，"机器人不得伤害"原则。另一方面，当个人面临承担责任时，注意到法律制度的层次结构，以及复杂的概念网络如何发挥作用，如图2.4描绘：

28

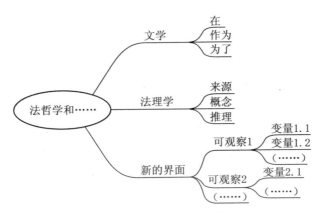

图2.4 法律和机器人哲学的界面

29   通过改变界面，对模型的新观察和变量的分析可以加强我们对法律现象的理解，进一步揭示当今机器人法律面临的挑战。目的是为了限制以前的模型的焦点，以不同的方式坚持法律的来源、概念和法律推理——也就是说，当机器人引起伤害时，图 2.3 的法律可观察性会起作用。除了阿西莫夫一些故事中关于"安全措施"和"为某些工作而设计"的机器人的设计、建造和使用的责任外，这里的利害关系与第一定律所确立的原则有关：当一个机器人受伤时，什么是法律观察？工作中的观念是什么？他们如何运用法律推理？

在这一部分关于法哲学和机器人的初步评论之后，让我们现在探讨责任原则的下一个抽象层次。

二、责任原则

处理责任概念与"不伤害他人"的古老准则之间的关系，对之前模型的法律观察，如法律的层次结构，可以有效地对系统原则的作用和逻辑进行分析。如阿西莫夫的故事所表达的，有一些基本的规范或更高的价值应当被设想作为系统原则，它们可以提供一个标准用来决定什么法律与规则可以适用以及如何理解这些法律与规则。根据第一定律确立的责任原则，反思阿西莫夫第二和第三定律的内容：虽然第二定律与第一定律抵触时不适用，但第三定律的适用不能与第一或第二定律相冲突。然而，第二和第三定律之间的平衡，控制了机器人斯皮迪在《环舞》中的行为，表明一些规范性声明作为系统的原则是相互连接的。总而言之，在《环舞》中机器人斯皮迪不能正常行为往往引发法律辩论。有些人认为，法律的目的应该是通过制度的原则达到某些目标的最大程度 (Dworkin 1985 年)；另一些人则认为我们应该区分原则和价值观。例如，在《事实与规范》(1996)中，尤尔根·哈贝马斯(Jürgen Habermas)确认原则应被视为具有义务论的规范性声明而非目的论意义，因为原则(如法律责任原则)遵循的逻辑只有是与不是，或者说是为了大多数人的利益，与这种逻辑相反的是对我们有好处，或者更好与更坏的特殊价值观。

　　诚然，这种"是"或"不是"的二进制逻辑符合引言中提到的某些责任条件。考虑到拉丁语，nullum crimen nulla poena sin，也就是说，法无明文者不构成犯罪(罪刑法定原则)：根据合法性原则和盎格鲁-撒克逊人的法律原则，个人的刑事责任是服从于某一特定规范或规约的存在。"是"或"不是"的逻辑也适用于侵权法领域的严格责任案例：在这里，这一问题仅涉及个人是否可以承担责任，而不考虑他们的过错或意图。然而，某些其他的责任案例表明，我们应该恢复到更好或更坏的逻辑。反思绝对人权(例如，保护免受溯及既往的刑事处罚)和相对人权(例如，隐私)之间的区别。在前一种情况下，"是"或"不是"的逻辑是有意义的，因为如前所述，"没有法律规定就没有犯罪与处罚"。然而，在相对人权的情况下，律师会平衡权利和利益，例如，个人隐私和国家安全，根据欧洲人权法庭的判例法所采用的更好或者更坏的逻辑。通过平衡责任等级，这种方法通常也适用于侵权法领域。考虑各种可能导致原告受到损害的一系列事件的发生，由于共同过失，个人责任被分摊。当多个当事人造成原告的损害时，律师必须决定侵权行为人 A 是否承担 40%的责任，侵权责任人 B 是否承担 30%的责任，等等。

　　责任的作用和逻辑不同的原因，在于个人发现自己面对"不伤害他人"原则时所处的不同条件。不去探究在法律领域原则的逻辑和作用，应该注意所有的机器人案例有共同之处，而个人责任可以处理：(1)豁免权条款；(2)严格责任；和(3)责任取决于个人的过错。在弗洛里迪对抽象层次的方法的表述中，这些模型的法律可观察性，可以通过与之前有关的法律原则的层次、作用和逻辑的问题来检验变量。因此，个人责任可以被先验地定义，即：(1)通过建立事前的(严格责任规则)，或(2)将其排除在外(通过豁免条款的一般无责任)；或者(3)确立事后的个人责任，通过考虑案件的情况和诸如过失和主体的错误行为等概念而设立的。回到机器人造成伤害应如何处理的问题，法律推理的概念和方法，以前用哈特的法理学三分法来解释图2.3，可以通过一个新的界面来强化。在图2.4的方法论注释之后，新的抽象层次可能出现如下图2.5所示：

31

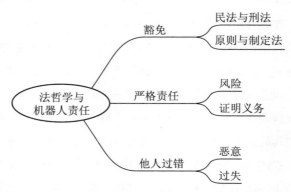

图 2.5　建造和使用机器人的三个责任条件

图 2.5 所示的界面代表了系统的静态：豁免、严格责任和个人过失，说明个人在法律面前可能面临的责任的具体条件。因此，深化前一种模型的法律可观察性是可行的，如图 2.3 所示的法律推理的来源、概念和方式。这是因为，通过认真研究图 2.5 中负责建设和使用机器人的责任的三个常用条件，我们必须检查这些变量，包括不同领域的法律关系，法律原则和制定法之间特定的层次结构，以及强调个人要求和权利的方法、概念和程序。因此，系统的静态可以通过新模型的可观察性来展示：豁免(本部分(一))，严格责任(本部分(二))，以及个人过失(本部分(三))，都准备好分析系统的动态，即行动能力及其主体资格的法律概念(本章第三部分)。

（一）豁免

在前言中提到了法律豁免的概念，以解决克罗齐的法哲学的合恩角和道德与法律的区别。传统的观念即"没有被禁止就是被允许"是从合法性原则和法治的必然结果总结出来的，其目的是保障个人免受任意公共行为的侵害，从而根据刑法或法规中的具体规范承担刑事责任。这

32

就是为什么技术创新通过增加新情况和新罪行的规定不断迫使立法者介入。自 20 世纪 90 年代初以来，在计算机犯罪领域发生的事件，很可能在机器人犯罪领域发生。除了引言中提到的在战斗中使用自动致命武器之外，还可以考虑当新一代的机器人连接到互联网上时，自动在开放的环境中收集信息。在现实世界中，将这些网络信息带到云服务器。通过复制和传播这些数据，机器人可能会严重侵犯目前有关隐私和版权保护、商业秘密或国家安全的法律保障。合法性原则的这两个方面，例如 20 世纪 90 年代初对网络暴徒的豁免，围绕着是否在刑法领域应用新技术提供了漏洞。

民法上的情况不同。想想合同和义务的条款，有条件的豁免是对传统的拉丁语表达的归纳，ad impossibilia nemo tenetur, 就是"法律不强求不可能之事"。在这里，目的是确保个人交往中的公平竞争，使之免遭因他人的任意行为所带来的伤害。与刑法相反，类比在这一领域起着至关重要的作用，例如，人与人之间的可撤销合同可以合法地适用于人工智能体之间。这样一种不负责任的形式，应该与建立事后的豁免案例区分开来，即美国律师通常所说的"肯定性抗辩"，以强调被告可能提出免除她的责任的情况。除可撤销性条款外，考虑合同中错误的终止，例如合同标的实质的错误，或某一项的价值或市场价格的错误。继乔瓦尼·萨托尔在《认知自动机和法律》(Cognitive Automata and Law, 2009)中发表的言论之后，人类无法避免机器人犯下决定性错误的通常后果，如一个合同无效，对应的人类应该已经意识到由于奇怪的机器人的行为所导致的错误。

最后，应该清楚的是，立法者可以通过制定法或者普通法律师所谓的安全规避条款来建立民事和刑法领域中的进一步的豁免形式。同样，这些条款的含义随法律体系的不同领域而有所不同。在普通法法系，政治当局和私人承包商在军事机器人技术领域的责任豁免被定义在美国联邦侵权赔偿法等规则中，《美国法典》第 28 卷第 2401 条 b 款和第 2671 条。在这里，联邦侵权索赔法案禁止涉及任意强制执行和不同类型的故意侵权行为的诉讼。在欧盟法律中，关于电子商务的指令 2000/31 的第 15 条给出了一个例子：在这种情况下，我们发现："没有一般义务去监督因特网服务提供者发送或储存的信息，也没有积极发现是否可能发生非法活动的事实或情况的一般义务。"最后，在机器人的所有法律领域采纳这种豁免条款是否明智？

（二）严格责任

法律责任的第二种可观察性是指法律在不考虑侵权人的行为的情况下所强加的法律责任，即无过错责任或法律严格责任的案件。几个世纪以来，这一直是分配法律风险和责任的主要机制之一。想想个人承担他们动物的行为的责任，以及在大多数法律制度下，承担的对他们孩子的责任。同样，考虑到雇主的责任，比如传统的出版商，无论他们有意或者尽到谨慎义务，都对他们的雇员所造成的损害承担责任，例如传统媒体记者和作家。这些机制在危险领域和有缺陷产品的责任方面也有类似的作用，在这些产品中没有非法或可谴责的行为，但是，例如，缺乏有关该产品某些特征的信息。这就是为什么产品上会出现详尽而有些奇怪的标签的原因，制造商警告客户说，产品使用不当会带来风险或危险，比如机器人。

到目前为止，严格责任主要规定了所有可能被认为危险的机器人应用程序的设计、生产和使用，例如，自主或半自主的无人汽车。从法律的角度来说，危险取决于最先进的技术是否能够提供以同样的方式在侵权行为法中扮演一个合理的人的机器。一旦机器人程序被发现无法实现这样的功能，应被视为是危险的，"这与民法中的严格责任非常相似，在民法中，动物的所有者或管理者需要已经或者假定该动物是否对人类存在危险"(Davis 2011)。由于原告的共同过失(见上文本章第二部分)所强调的分摊责任的案例，严格责任可以通过举证责任的分配来确定(或减轻)。例如，一旦证明是由动物引起伤害，当能够证明原告自愿承担损害的风险时，或在某些法律制度中，能够表明是偶然事件发生时，那么动物的所有者或管理者可能逃避责任。类似地，在严格责任的情况下，某些法律制度中，儿童的行为在父母证明他们不能阻止这种有害行为时给予豁免。同样的原则也适用于具有潜在危险的产品的生产商，当他们表明他们严格遵守官方法律文件的明确规定和详细指导。

然而，这种法律规则在应对技术进步时往往显得不足。在侵权行为法领域，某些机器人可以如一个理性人般行为，在可预见损害的情况下，我们是否应该修正今天的严格责任政策，还是应该通过举证责任的分配来减轻它们的责任？这是一个防止机器人行为，即机器人如孩子的问题吗？或者我们应该证明这是一个意外事故，即机器人如动物般？还是我们在处理不同技术的机器人时应该适用不同的法律责任？

（三）个人过错

法律责任的第三个可观察性取决于个人通过合同或因自己的过错而引起的损害自愿达成协议。大多数时候，责任并不是之前确定的，也就是说，通过事前建立(严格的责任规则)，或者完全排除它(通过豁免条款的一般不负责任)。相反，责任是建立在事后的，如在侵权法中，当理性人未能防范可预见的伤害或一个人自愿实施法律所禁止的错误行为时。因此，这种责任基于案件的实际情况：与严格责任的条件相反，举证责任由原告承担，原告必须证明被告存在不法意图或者侵权人存在过错。

这种通过举证责任来确定责任的方法，可以由达芬奇外科医生机器人和患者于 2005 年在费城布林莫尔医院接受的前列腺切除术来说明。在机器人辅助的干预过程中，机器开始显示错误信息，同时不允许人类的医生团队手动复位该机器人的手臂。45 分钟后，医生决定移除该机器人，这样他们可以手动进行手术。然而，一周后，病人出现严重的出血，后来出现勃起功能障碍和每日的腹部疼痛。该病人对达芬奇机器人的生产商和医院向费城普通法院提起诉讼。撇开在第四章第二部分讨论的案件细节，这里涉及的问题是举证责任并没有由被告承担，而是由原告承担。由于达芬奇机器人的数据表明，这些机器如果实施手术和人类手术一样或者说没有人类手术好的时候，那么由病人承担举证责任，即对方的错误。

根据案件的情况,这种分配责任和风险的方式不仅仅适用于民法,如合同法。合法性原则和法治原则的另一个必然结果是,刑法中的公诉人需要根据具体的规范或法规在刑法中证明存在过错(见本部分(一))。这种通过举证责任来确定法律责任的逆转方法必须被视为例外。除了在侵权法中适用无过错责任的案例外,只有在独裁政权和卡夫卡风格的剧本中,被告才需要证明自己的无罪。

(四) 机器人的责任

根据豁免、严格责任和间接过失之间的区别,通过法律责任界面所定义的抽象层次总结到,所有涉及机器人设计、生产和使用的案例都有共同之处。当机器人在给定的参数范围内不能正常工作时,对方很有可能提出造成伤害的原因。一旦证明是机器人引起了这样的伤害,就应该考虑:(1)法律责任条款(例如,根据战争法使用机器人士兵);(2)严格责任规则(例如,危险的无人驾驶车辆);或者,(3)案件的情况,如前一节中提到的达芬奇外科机器人医生涉及的具体故障。

然而,这个模型有一个限制:即抽象层次并没有阐明,责任的条件是否包括机器人的责任,因此机器人可以(或应该)被认为是有法律责任的。除了机器选择实施犯罪的情节,一旦我们反思技术的进步,"法律责任机器人"的假设就应该被认真对待。例如,人工智能体作为在线交易员的能力,购买商品并以更高的价格转卖,表明不需要科幻小说来想象人类向机器人转账大量金钱用于在线交易;当机器不履行其义务时,其债权人可以直接起诉人工智能体。此外,通过研究个人如何在电脑的协同游戏场景和拟人化或动物化机器人中使用奖励与惩罚表明,这种机器可以在审查制度中代表一个有意义的目标。

36　　　　值得注意的是,巴特林(Bartneck)等人(2006)争论道,通过使用正负极作为对合伙人的正确答案或错误答案的赞成和惩罚,"结果表明,对计算机和人类合伙人来说,赞扬和惩罚以相同的方式被使用"。

总而言之,至少某些类型的机器人应该对其在民法上的行为负责,这是很有道理的,正如下文在第四章第三部分和第四部分中所讨论的。

此外，一些人认为，机器人对其行为负有刑事责任是恰当的。《自动化人工智能体的法学理论》(A Legal Theory for Autonomous Artificial Agents, 2011)中，萨米尔·乔普拉(Samir Chopra)和劳伦斯·怀特(Laurence White)明确这一点，当他们确认"存在侵犯了人类感情的风险时"，我们应该在事实面前屈服，迟早有一天，机器人将成为有权处理自己事务的一类，能够"对法律义务有意识"，甚至"具有对惩罚的道德情感"，最终呈现为让我们"原谅一个计算机"。(见前引书，第180页)

可以肯定的是，这并不是法律系统第一次要求非人类对某些种类的伤害承担法律责任。一个流行的类比揭示了几个世纪以来法律责任的界限是如何发生深刻变化的：一些人坚持认为机器人和动物之间的平行关系是侵权法领域严格责任的来源，见上文本部分(二)。还有一些人，比如大卫·麦克法兰德(David McFarland)在他的《有罪机器人，快乐狗》中，声称我们应该构建我们与机器人之间的法律关系，就像我们在对待由于动物行为引发的个人过错那样，而不是认为伤害是机器或者智能冰箱引起的。但是，机器人和动物对自己的行为负责的可能性有多大呢？让我澄清一下平行的法律史评论：

从9世纪到19世纪的西欧，有超过200个记录在案的动物被审判的案例。在这一时期被人们所审判的动物包括：驴、甲虫、吸血动物、公牛、毛毛虫、鸡、金龟子、牛、狗、海豚、鳗鱼、田鼠、苍蝇、山羊、草蜢、马、蝗虫、老鼠、鼹鼠、鸽子、猪、大鼠、蛇、羊、蛞蝓、蜗牛、白蚁、象鼻虫、狼，以及杂七杂八的害虫。

动物并非总能赢得案件。一些动物受到严厉的惩罚，被烧死在火刑柱上；其他仅仅是烧焦了，然后在尸体被烧焦之前窒息死亡。动物经常被活埋。奥地利的一只狗被关进监狱一年。17世纪末，俄罗斯的一只山羊被流放到西伯利亚。被判谋杀罪的猪在被处决前经常被关进监狱。在基本相同的条件下，他们和人类罪犯一样被关押在同一所监狱里(William Ewald 1995,《尝试做一只老鼠是什么感觉？》)。

不用说，今天的学者发现这样的仪式很奇怪：一种介于轻信和迷信之间的混合。原因取决于法律责任如何与主体的行为相联系，而且与我们所处理的关于豁免、严格责任或责任的主体类型有关。正如引言中强调的那样，机器人的设计者、生产者和使用者的责任使人们质疑这样的机器是否应该被理解为：(1)法律主体；(2)适格主体；或(3)系统中其他主体的责任来源。这样的区分清楚地表明，为什么现在没有律师会起诉俄罗斯的一只公羊，而机器人是否能够"对法律义务有意识"，甚至"具有对惩罚的道德情感"(Chopra & White 2011)，仍然是一个未决的问题。虽然法律可能会像对待动物一样处罚机器人的行为，但我们应该准备接受一种新的行为，这种行为不仅不是人类的，也不是动物的，而且还会产生多重的法律效应。下一部分将探讨机器人作为一种新型主体在法律史上的行为责任问题，充实模型的界面。根据机器人解放前沿的观点，这种新型的主体不仅关系到机器人的法律人格，也涉及它们自己的权利(和义务)。

三、 行动能力和人工智能体的义务

在检查模型的静态之后，即法律责任的可观察性，这一节论述了行动能力的法律概念、主体资格和人格，即模型的动态。在这里，我们可以讨论机器人技术：(1)是否会影响到法律系统的概念和原则；(2)创造新的原则和概念；或者，根据传统法理学的普遍主张，(3)根本不涉及这些原则和概念。首先，应该关注机器人是否真的行为。探索行动能力的含义，这样的机器人主体，揭示了为什么律师通常承认由机器人伤害引起的责任应该比作因动物行为的个人过错，而不是在前一节中讨论过的危险产品的严格责任。一些人，如迈克尔·伍尔德里奇(Michael Wooldridge)和尼古拉斯·詹宁斯(Nicholas Jennings 1995)认为，机器人和其他任何人工智能体一样，都享有自治性、反应性、主动性和社交能力等特性，并与其他主体进行互动。同样，在斯坦·富兰克林(Stan Franklin)

和阿特·格雷泽(Art Graesser)(1997)的分析中，所有类型的机器人都表现为反应性的、自治的、目标导向的、移动的和临时连续的，即使某些应用可以是交流的、灵活的、有学习能力的和拥有一个特定角色的。在前言中，我们可以回忆一下这位天后歌手 HRP-4C。

在这种情况下，让我强调由科林·艾伦(Colin Allen)、加里·瓦尔纳(Gary Varner)和杰森·青泽(Jason Zinser)(2000)所提出的标准，并由卢西亚诺·弗洛里迪和杰夫·桑德斯(Jeff Sanders)(2004)进一步发展，以说明机器人对法定主体资格问题的影响，以及因此对法律责任问题的影响。机器人行为的三个特征值得审查，以便理解为什么律师把机器人比作动物而不是产品和事物：

首先，机器人是互动的，因为它们可以感知周围的环境，并通过改变自身特征或内部状态的标准来应对刺激。

第二，机器人是自治的，因为它们在没有外部刺激的情况下可以修改它们的内部状态或特征，从而在不受人类直接干预的情况下控制自己的行为。

第三，机器人适应性强，因为它们可以通过改变自己的特征或内部状态来改进规则。

在此基础上，分析了机器人行为的法律责任原则，解决了两种不同类型的问题，这些问题可以用传统的责任形式来说明动物和人类的行为。首先，必须区分道德责任和道德义务的概念，以理解为什么今天的律师认为几个世纪以来的法律制度所做的是迷信的，例如，上文提到的对可怜的俄罗斯山羊的审判。一旦我们理解了道德领域中责任和义务的区别，第二个问题就涉及道德行为能力与我们所理解的法定行动能力的概念的区别，即：(1)作为一个法律主体；(2)作为一名严格的主体；(3)作为系统内其他主体的责任来源。通过关注这三方面的区别，我们可以了解到机器人技术对传统的法定行动能力概念及其变体所带来的挑战。尽管相互纠缠，机器人的道德和法律的行动能力问题仍可以分开研究：是时候绕过另一个合恩角了。

（一）道德界限

让我们觉得奇怪的是，几百年来法律制度所做的尝试让动物承担各种犯罪或伤害。责任被认为是通过犯罪而表现出来的代理概念的变体：根据最新的情况，被告应当服从道德评判的通常程序，以此来决定他们是否在法律上有罪。虽然这是一个必要条件，但行动能力并不足够。法律制度要求具体的心理因素，如意识和意图，作为在违反法律的情况下将责任归于某一方的一系列前提条件。从这一观点来看，动物并不是唯一被认为法律上没有责任的主体。这种情形同样适用于人类：想想那些因为自己的情感和智力不成熟而对自己的行为不能负责的孩子们。此外，患有严重心理疾病的人，由于不能够完全理解自己的行为而对自己的行为不承担责任。界限是由任何人的合理的智力和一定的成熟度来定义的，因此被视为一个主体承担其在法律面前的责任。

另一方面，主体缺乏法律责任的现状，应区别于其作为善与恶来源的道德评价，即被弗洛里迪和桑德斯(2004)表述为"道德义务"。在动物的情况下，法官和行政当局有时要考虑在刑法和侵权法中通常发生的情况，从而决定一个动物是否具有危险性或者危险性多大，据此决定它是否应该被杀死。在机器人的情况下，无论是在2006年由《经济学家》报道的发生在1991年日本的第一次杀人事件，即一个人被机器人杀死，还是依据1979年以前罗伯特·弗雷塔斯(Robert Freitas)在《机器人的法律权利》中的观点，它仍然是一个悬而未决的问题。道德义务与责任的区别是如此重要：尽管机器人缺乏如意识、道德理解和情感等要求，但是它们可以代表人类审查的一个新的有意义的目标。一旦机器人技术的设计、销售或供应被认为是非法的，立法者就可以在弗洛里迪和桑德斯在《人工智能体的道德》中选出如下建议：(a)监视和修改(即"维护")；(b)除去网络空间中不连贯的成分；(c)网络空间消灭(无备份删除)。

因此，我们可以扩展道德义务行动主体的种类，从而将机器人拟制行动能力涵盖在内；同时可以拒绝这种观点，即人工智能体不承担道德责任或者刑事责任："赞扬或者责备一个人工智能体的行为或者对其进行道德指控都是荒谬的。"(Floridi and Sanders 2004：17)通过将相关道德行为的来源区别于对某一行为的主体的评价，即：在上述孩子和动物的案例中，我们可以假定被告必须具备基本的心理素质，如意识、道德理解和自由意志，从而在道德上和法律上都负有责任。

　　否则，通过模糊义务和责任的概念，我们被迫回到通常对动物进行刑事审判的时代。为什么今天的法律制度可以将动物作为人类审查的合理目标，而且，仍然认为上一部分提到的俄罗斯山羊的情况是奇怪的，这取决于这一部分的道德边界。考虑到道德义务和责任之间的区别，我们终于可以解决丹尼尔·丹尼特(Daniel Dennett)的问题：当哈尔(HAL)杀人时，谁该受责备？(1997)。用弗洛里迪和桑德斯的表述，我们可以说："哈尔是应负义务的，但不是责任——如果哈尔符合界定主体资格的条件。"道德边界如何影响法律领域？

　　(二) 法律面前的主体

　　法定主体资格以及责任和义务引发的道德边界，应该与三种不同的主体联系起来看，即：

　　(1) (行动)主体是具有自己权利(和义务)的适当的人；

　　(2) 商业法领域的严格主体(如谈判、合同等)；以及

　　(3) 系统中其他主体的责任来源(如侵权法)。

　　根据这三方面的法定行动能力概念，我们可以通过想象机器人作为法律主体的一类，进一步确定什么类型的责任与机器人的设计、制造和使用有利害关系。由于机器人的行为，机器人的法定主体资格问题需要通过多种方式来理解法律领域的概念。让我用一个新的抽象层次来说明这一点：图 2.6 中的模型提出了三个具有一定变量的法律可观察值，总结机器人是否应该拥有自己的权利(法律人格)的争论，可以为人类确立权利和义务(严格主体)，和当前的严格责任是否应该减轻(系统中机器人作为为其他主体承担责任的来源)。在自然和人工智能体可能发现自己面临法律责任的情况下(见图 2.5 关于系统的静态)，这些主体在法律领

域以不同的方式行为必须被深化：系统的动态。让我们看一下图2.6。

41

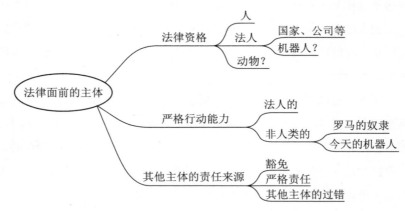

图 2.6 从责任到法定行动能力和返回

在图 2.6 中第一个可观察性涉及的问题是法律人格的概念，即一个主体是否应该被认为是具有自己权利和义务的法律主体。法律的可观察性表现为三种变化：

人可以是人，也可以是像公司这样的法人；根据某些学者提出的理论，也可以是动物。在第一个案例中，1948 年《世界人权宣言》第 1 条总结了今天的法律框架："所有人都生而自由，在尊严和权利上一律平等。他们被赋予了理性和良知，应该以兄弟情谊的精神对待彼此。"虽然自然人的责任取决于他们的"理性和良心"，但在某些权利中，就算有严重的心理疾病或情感或智力上的不成熟，人类也不能被剥夺法律人格，例如 1989 年《联合国儿童权利公约》。因此，一个人可以像孩子一样只享有权利而不承担责任；但是，既然废除了奴隶制，就应该把相反的东西看作是法律所禁止的。定义人的法律人格的条件在涉及代理时，也认为主体一直拥有自己的权利，例如人权、基本权利等。

法律人格的第二种变体涉及法人如政府、机构法人、公司或企业。虽然这些法人的权利和义务是作为他们行动的唯一相关来源而被简化为人类的，但他们是合法自治的，这些法人拥有自己的权利和义务。因此，律师们讨论是否应该授予法人与自然人相同的权利，例如，美国最高法院 2011 年关于在第一修正案保护下的公司言论自由的判决。同样，学者注重法人的认识论为基础来确定其法律责任：在人和计算机多重累计行为的基础上，我们应该确定公司实体的信息内容是(或应该是)什么，以确定其责任。除了在公司、税收和行政法上的其他问题之外，在机器人的案例中所涉及的问题是，我们是否应该承认一种拥有自己的权利(和义务)的新型法人。律师应该通过图灵测试解决这个问题吗？ 机器人的法律人格是否取决于道德上的对价？ 在可预见的将来，机器人的法律人格会是不必要的，甚至是不方便的吗？

42

　　法律人格的第三个变体与今天关于动物权利的主张有关。这种类型的人格似乎与年幼的孩子有着密切的关系，因为动物的幼崽和人类的孩子都享有权利，但不承担具体的责任。有趣的是，认为动物应该被视为法人的观点经常与机器人的法律人格理论相关联，例如，布鲁诺·拉图尔(Bruno Latour)在 2005 年推出的 "行动者网络理论" (acter-network-theory)认为，机器人和动物都是政治生态的新候选人。虽然这种对动物和机器人法律拟人化的观点引起了人们对当前社会系统复杂性的关注，相应的即人类学观点的不足，也有人认为关键的区别仍然存在。正如君特·托伊布纳在《非人类的权利》的导言中所强调的那样，机器人会成为 "激进的新行动中心作为基本生产机构" 的标志吗？

　　模型的第二个可观察性，即 2003 年 5 月，在美国法律研究所的年度会议上，机器人作为适格主体被广泛讨论。在这一情况下，国家统一法律专员会议提议承认电子代理人合同的效力，虽然没有涉及任何人的行为或知识。同样，美国《统一电子交易法》第 14 条建议："合同可以由双方的电子代理人界面而形成，即使没有人知道或审查电子代理人的行为或由此产生的条款和协议。"除了商业领域中传统的人类代理，例如经纪人，非人类代理的新假设表明，我们应该看看古代罗马法下奴隶是如何被考虑的。机器人通过自身的行为、权利和义务来生产的能力带来了一种新的并行性，即：在机器人和奴隶之间，尽管奴隶被视为 "物"，然而，在贸易和商业中都起着至关重要的作用。在民事法律领域，机器人可以代表新一代的拟制适格主体吗？一旦我们接受他们作为这样的主体，下一步就是接受这些机器人交易员的法律人格，或者，与今天主张机器人解放阵线的拥护者的观点相反，他们是否代表了托伊布纳的"激进的新行动中心作为基本的生产机构"的观点？

43　　该模型的最后一组可观察值对应于法理学中的一个流行点，即机器人既不是法律主体，也不是适格主体。相反，作为系统中其他主体的责任来源，这类机器人行动能力与之前一部分所述的道德责任和法律责任的概念有关。按照人类对动物、儿童或雇员行为的传统责任模式，机器人代表了对他人行为的一种新的责任。这确实是有史以来第一次法律系统将让个人对人工状态的转换系统的决定承担义务。因此，这类机器所引起的伤害应与在本章第二部分中图 2.5 所提到的法律责任的可观察性有关。机器人是否会诱发新的犯罪，使被告人落入法律的漏洞，从而受到豁免条款和合法性原则的保护？在考虑机器人作为社会互动中的责任来源时，我们是否应该选择这种机器的行为的无过错责任形式，或者反过来，与疏忽有关的侵权责任？减轻现行的严格责任制度，甚至引入免责条款，是否可以防止个人反复思考后使用机器人的危险？

四、谁来承担责任?

与柏拉图早期的对话一样，在前一部分中，许多问题都没有答案。相反，他们的目标是进一步完善模型的可观察性，而不是在今天的辩论中确立机器人的法律人格，他们在商业法中的行动能力，以及对其他人行为的新责任形式。显然，法律的某些基本概念，即系统的静态和动态，需要被检验从而确定机器人是否(以及如何)影响他们。让我在这里总结一下这一分析的不同步骤。

首先，根据阿西莫夫的故事和哈特的法理学三分法，介绍了与机器人生产和使用有关的法律。在上文本章第一部分图 2.2 和第三部分中，我们总结了两种法哲学和机器人技术的模型。

接下来，在第二部分图 2.4 中介绍了一个更严格的观点，涉及对这类机器的设计、制造和使用的责任，以解决在法院面前应由哪一方当事人承担责任这一根本问题。根据图 2.5，作为模型静态的法律责任的可观察性被考察，即：(1)豁免条款；(2)严格责任；和(3)个人过错。

最后，关于道德边界和行动能力的三种类型，即模型的动态这一理论得到深化。依据我们处理的主体资格的类型，机器人不同的行为承担的法律责任不同，即：(1)法律上的人；(2)适格主体；或(3)作为系统中其他主体承担责任的来源。这些法律可观察性在图 2.6 中进行了总结。

44

图 2.5 中的模型就责任的界面进行了分析，在包含主体资格的可观察性的图 2.6 中得以补充。我们现在对机器人行为分成九种类型的法律责任，如上文表 1.1 所介绍的。

现在让我们来增加这个模型的复杂性。虽然责任和行动能力的法律可观察性是清楚的，但它们在我们所要考虑的具体领域被认为是不同的(变量)。根据不同类型的主体资格，主体发现他们所面临的责任的条件，与之相关的刑法、合同法和侵权法的不同原则而不同。关注经典问题"谁来承担责任？"(Who pays?)即使承担责任(payment)的观念在其所面临的法律领域代表着不同的东西。在刑法中，个人应该受到惩罚，即向社会支付他们的债务，因为犯罪行为危害社会的基本要素，例如通过谋杀和威胁，从而制造社会恐慌。在合同法领域，承担责任的观念是对受对方的有害行为影响的个人的补偿。在侵权法中，付款是国家强加给私人的义务，以补偿不法行为所造成的损害。个人应该向社会、合同相对方或侵权法中的第三方支付债务的不同原因，需要分开解决，以妥善处理机器人所带来的法律挑战。让我们继续分析刑法领域中责任和行动能力的法律可观察性。

第三章

犯　罪

如果他有良心，他会为自己的错误受到折磨。

这将和监狱是一样的惩罚。

——费奥多尔·陀思妥耶夫斯基，《罪与罚》

(Fyodor Dostoevsky, Crime and Punishiment)

　　机器人以两种方式对现有法律体系的原则造成影响。首先，机器人科技在刑法领域带来了许多危险的法律漏洞，例如在战场上使用自动化机器人士兵。值得注意的是，联合国法外处决问题特别调查员克里斯托弗·海恩斯在他向联合国大会提交的 2010 年报告中强烈要求联合国秘书长潘基文召集专家群体以便确定"是否允许致命武器完全自动化这一基础性问题"。另一方面，我们需要确定机器人的行为是否落入法律体系的漏洞中，从而迫使国内和国际立法者介入，就像是 20 世纪 90 年代初出现新型计算机犯罪时他们所做的那样。除了豁免军队和政权当局在战场上使用机器人，还有一类法律问题关注机器人日益增长的自主性如何影响法律体系的核心理念，例如合理性、可预测性或可预见性，而个人的过错正是取决于此。这类案件对于刑法学家和侵权法、合同法专家来说都属于疑难案件。

在每种政治系统中，不论是希腊城邦、罗马城市还是现代国家，当个人行为危及社会基本要素时，行为人就要受到刑法的处罚。如果不考虑对受害方的补偿，则事实确实如此，因为这种有害行为一般而言会引发社会警报。社会给予惩罚的权利源于该危害影响了作为一个整体的社区这一理念，就像谋杀、绑架或盗窃案所表现出的那样。不考虑动物被囚禁、遭火刑、被驱逐以及诸如此类待遇的时期，就像是在第二章第二部分(四)中提到的，几个世纪以来有很多不同原因使惩罚被认为是正当的。比如特别或一般威慑：罪犯应当受到处罚，从而阻止他们继续犯罪，同时也阻止其他人犯下这种罪行。其他原因包括报应论、罪有应得论和罪犯再教育论：罪犯应受惩罚，要么是作为报复的一种形式，即以眼还眼，要么是作为再教育犯罪人的一种方式。

鉴于目前犯罪人仍然要受到惩罚的不同原因，本章的目的是确定机器人如何对这一架构产生影响。这包括人们不公正地损坏或毁掉自己的机器人这种新型犯罪，以及与之相反的，作为人类审查的有意义目标的为机器人行为设置的新类型的惩罚。不仅如此，我们可以想象更多的犯罪行为的类型：在 20 世纪 90 年代中期，法定招标项目(Legal Tender Project)声称远程观测者可以远端操作一个机器人系统来变造"据说价值1 000 美元的钞票"(Goldberg et al. 1996)。对于刑法学家来说，关键点在于我们如何解释自动机器甚至是智能机器的行为。举例来说，机器人应当为自己的行为受到惩罚意味着什么？ 尽管根据报应论和罪有应得论，惩罚可以被视为一种复仇的形式，或相反的，惩罚是一种再教育，但是这些表述在机器人法中有任何意义吗？

丹尼尔 · 丹尼特(Daniel Dennett)在《意向立场》(The Intentional Stance, 1987)一书中指出了处理这些问题的一条卓有成效的道路。这本书已经成为当下关于如何处理人工智能体的行为以及由这些行为带来的法律责任问题的争论中很受欢迎的一本参考书。乔瓦尼 · 萨尔托尔在《认知自动机和法律》(2009)中提出，"意图立场通常代表了解释和预见

46

能够采取有目的行动的复杂实体行为的唯一可能视角"。与之类似，在《自动化人工智能体的法学理论》(2011)一文中，萨米尔·乔普拉和劳伦斯·怀特认为"在面对一个复杂的人工智能体时，尤其适宜将意图立场作为与之互动的唯一清晰策略"。在这篇文章中，"意图"代表诸如信念、欲望、恐惧、希望等认知状态。这应当与其他立场例如物理立场、设计立场等区别开。这种途径与抽象层次的方法类似，前文第二章第一部分(三)中界面的使用阐明：丹尼特的立场代表了我们选择去描述、观察和争论相关主题的方式。举例来说，如果选择了物理立场，目的就是通过关联由自然法所决定的物理性质或条件来解释目标的行为。这种观点更多地关注物理学家和化学家的需要，例如在他们必须确定导弹弹道或分子反应的时候。同样地，当法庭或者裁判者需要在审判中确定事实上的法律因果关系时，物理立场就可以发挥法律上的作用，举例来说，前述需确定弹道的导弹是由机器人士兵发射的，而法官需要基于这一点作出判决。

47

另一方面，设计立场允许我们通过一个目标的目的或者功能来理解该目标的行为，例如一个生命体或是一台镀锡机。在工程领域与生物进化对应的部分是由设计师提供的，他们能够根据目的来决定产品和程序的形式或是空间和场所的结构，从而实现一系列的性能和结果。这种情况下目标的物理特性不足以或不适宜被用来理解或预测它的行为，这在面对战场上的机器人士兵或是面对舞台上的日本流行歌手机器人 HRP-4C 时是有可能发生的。在这种案件中，我们假设机器人被设计为承担一定功能并且将会据此行动。如果出现问题，合理的可预见性这一问题很可能在法律的因果关系上让我们回到专家的观点。

然而上述两种立场在解释复杂主体例如动物、人类和特定种类机器人的行为时并不恰当。这些机器能够渐进地在它们所处环境的刺激下学习，并从它们自己的行为中获取知识和技能，因此不仅对于使用者，同样对于它们的设计者而言，机器人会逐渐地变得不可预测。根据物理立场来预测机器人行为通常是没有意义的，甚至设计立场在解决它们行为的复杂问题时也不能达到要求。在处理机器人问题时，大多数时候我们应当注意这些以达成特定目标为目的而采取行动的主体的渴望和信念。丹尼特说：

> 作用方式如下：首先你决定探讨这些可以当做理性主体来预测行为的目标；并且根据该主体在世界上的所处位置及其目的，你要确定该主体应该存有何种信念。然后你还要在同样的背景下确定它的渴望，最终你能预测这个理性主体会如何根据它的信念采取行动来促成目标实现。根据被选中的信念和渴望的一点实际推理将会在大多数情况下作出关于主体应当怎么做的决定；这就是你预测的主体将要做什么。(Dennett：The Intentional Stance, 1987：17)

有趣的是，学者通常从这种抽象层次中获得相反结论。回到《自动化人工智能体的法学理论》一书，乔普拉和怀特引用了丹尼特关于意图立场的阐述和作用方式作为人工智能体"独立法律人格"的基础(见前引书，第12—13页)。反之，在《认知自动机和法律》中，萨尔托尔参考了丹尼特的立场来强调这一视角的务实做法并总结道："赋予软件智能体(SAs, software agents)法律人格目前看起来并无必要，甚至是不合时宜的。"(见前引书，第283页)这种分歧取决于我们在这个背景下如何领会"行动能力"和"责任"的概念以及刑法和民法之间的巨大差别。因此，从具有刑法(与民法相对照)特征的原则、规则和一系列概念入手，我们必须确定机器人的意图会如何影响施加惩罚的权利。

有学者从字面意义上理解人工智能体的意图，他们想象新一代的机器人选择去犯罪，并且最终成功实施了该罪行，这些学者的观点将在本章第一部分中讨论。根据这一领域很受欢迎的某些科幻情节所示，责任的概念必须随机器人而改变，使机器人为它们行为和意图承担个人责任。与合法性原则和法律规则相关联，立法者很可能需要干预新一代的

48

机器人犯罪，就像是在 20 世纪 90 年代初计算机犯罪出现时他们所做的那样。不仅如此，由于机器人的紧迫需要，立法者可能不得不在争议中改写刑法。

本章第二部分重新讨论了已知的当今法律科学领域最前沿的发展，能够使机器人摆脱在追究刑事责任方面的困境。在可预见的未来，这些机器在刑事诉讼中会被认定不承担法律责任，原因是它们缺乏诸如认知、自由意志和类似于人的意图等一系列前提条件，来将责任施加给一方当事人。但这并不意味着机器人对刑法的某些基础性原则没有影响。

本章第三部分关注为战争用途而设计、制造和使用机器人。机器人已经影响了正当地诉诸战争的时机和方式(战争权或正义战争，ius ad bellum or bellum iustum)，以及战争中的正当行为(在战争中的权利，ius in bello)。这代表了本章阐明的第一类疑难案件：即本书导论中提到的，特别调查员克里斯托弗·海恩斯强调联合国大会应当尽快解决的"基本问题"，即是否许可致命性武器自动化。

本章第四部分讨论了除军人以外的平民身边的机器人犯罪。现象学从三个方面阐明机器人如何参与或被犯罪集团利用。通过参考关于"他人实施犯罪"责任模型和"自然可能后果"责任进路的某些传统观点，能够显示出机器人在法律领域引发新一类疑难案件，原因是这些机器影响了判断某个行为的自然或可能结果的通常立场。对于故意犯罪，为他人行为承担严格责任的传统形式能够成功处理机器人引起的损害案件。然而对于过失犯罪，这些机器的行为就影响到了刑法中的基本概念，例如人类的可责性以及这些案件中刑事处罚的正当化理由。

本章最后一部分探讨了在日益聪明的机器人和复杂网络中心化应用程序的设计者、制造者和使用者之间刑事责任应当如何分配。通过关注可预见性和法律上因果关系的概念，能够强调这些问题在民法领域也有影响。还介绍了关于法律合同的条款和条件的分析，这些合同在决定刑法领域"谁来承担责任"这一问题时十分关键。

一、 科 幻 情 节

由丹尼特的意图立场定义的抽象层次能够从两个路径来解释。有些人从字面上理解机器人的意图，就像是这些机器能够意识到或希望它们在说或做什么事情。还有人则将意图立场作为从法律视角描述和观察人类与某些机器人互动的行之有效的方法。在一些案件中我们应该能够预期在作出合同要约时，机器所宣称的就是它的真实意思。对一些人来说，这种遵循机器人意图的合同场景是有意义的，因为这能够加深我们对诸如人类诚信的理解，而非机器人有能力认识到它们在做什么的理解(Sartor 2009)。还有人认为某些机器能够领会它们行为所涉及的法律条款，并且当它们没有遵守承诺或是犯下某些罪行时，人类可以归咎于这些机器人(Hall 2007； Chopra & White 2011 等)。正如加布里埃尔·哈勒维(Gabriel Hallevy)在《无人载具》(Unmanned Vechiles, 2011)一文中明确指出的："当一个(机器人)满足了某种特定犯罪的所有事实要素和精神要素，没有理由不让它承担该罪行应负的刑事责任。"

这种认为机器人有真正的意图的观点用刑法学家的术语总结起来，就是在危险中的特定罪名的精神要素而非事实要素。正如前文提及的，机器人在过去二十年来越来越多地参与到犯罪集团中(例如 1996 年法定招标项目中的主张)。然而在审查这些机器的犯罪行为时，我们应当区别对待弱假设立场和强本体论立场。前一种立场将机器人视为它们拥有人类的某种犯罪意图(mens rea)，因为这种科幻情节提供了一个卓有成效的视角，通过这种视角法学家可以进一步聚焦在某些法律原则上。弱假设立场在前文第二章第一部分(一)和(二)讨论阿西莫夫的一些机器人小说，即文学作品中的法律时发挥作用。在《机器人战争会有多正义?》(How Just Could a Robot War Be?)中，彼得·阿萨罗详述了与恰佩克的《罗素姆万能机器人》中相似的机器人革命，并且承认这可能"看起来

50

51

像是有点稀奇的科幻小说"。尽管如此，"我们可以问一个严肃的问题：根据正义战争理论，这些革命的道德状态是什么？ 让我们设想一种情况：一个国家被机器人接管——这是某种革命或内战。第三国是否有正当理由从中斡旋来防止这种情况？"(Asaro 2008：6)

相反，强本体论立场认为机器人技术的进步将使人工智能体有能力作出自主决定，"在各个方面都与人类作出十分类似的决定"(Chopra & White 2011：177)。正如斯托尔斯·霍尔(Storrs Hall)在《超越人工智能》(Beyond AI, 2007)中主张的，我们应当接受机器人"在很多方面都会像一个道德主体那样行动"的观念，在此情况下"在它以线性的叙述来总结自己行动的程度上有意识，并且……在通过一个基于该叙述的模式来衡量自己行动的程度上有自由意志；尤其要指出，它的行为会受到奖励和惩罚的影响"(见前引书，第 348 页)。认为机器人与人类相反，"只是程序化的机器"这种反对理由看起来是有瑕疵的，因为"在我们的生物设计与社会条件的结合，以及机器人的程序编制之间有太多的相似之处，以至于我们无法自我安慰于宣告我们不受程序控制而人工智能体显然相反"(Chopra & White 2011：176)。

考虑到弱假设立场和强本体论立场的对比，还应当强调道德责任和道德义务两概念之间的区别，如前文第二章第三部分(一)所示。赞扬和处罚确实能够用于与电脑和拟人或拟动物机器人的合作闯关游戏中，从而使加分或减分能够纠正并完善人和机器双方的行为。然而根据目前科技和法哲学的发展情况，在法庭上争论机器人的犯意是毫无意义的。这些机器不必为它们的行为承担责任，因为不存在所谓机器人犯罪意图这种东西。机器人缺乏承担刑事责任的前提，例如自我意识、自由意志和道德自主性，因此很难想象法庭因机器人的恶行而宣告其有罪。尽管这些机器可以作为人类审查的一个有意义的目标，也可以成为法律中惩罚性制裁的主体，但是现代刑法中施与惩罚的正当性很难适用于今天的自动化机器。回到报应论以及特殊和一般威慑论，机器人应当向社会承担责任的意义何在？ 我们能纠正自动化机器的道德品质从而使它完全明白为什么不能再重复恶行？ 惩罚机器人从而威慑人类和其他机器人不再犯下类似罪行的意义是什么？

不仅如此，为了讨论的必要，我们要承认新一代机器人拥有与人类相似的性质，例如自由意志、自主性或具象化的道德感。在这种案件中，法律学者必须准备好接纳一整套新的犯罪，例如机器人革命、叛乱、抢劫等。一旦我们接受了机器人的可责性，即它的犯意来自能产生同情心或某种自主性的机器的人造意识，并采取了意向性行动，传统的例如盗窃、暴乱或杀人的概念很有可能会因此而改变。这些法律概念的内容将会如何改变，这个问题似乎最好由科幻小说作家的想象力而非法学专家的分析来确定。一个人工智能律师是否会成为传统自然法的拥护者，将自然法规则视为十分重要的目标，任何对这些规则的侵犯都将成为对这个人工智能体本性的违背？ 反之，这位律师是否会成为实证法学者，认为规则取决于机器人如何影响对这个世界的总体理解以及环境和人类—机器人关系？ 与那些热衷于追随凯尔森法律纯粹理论的机器人不同的、强调机器人秩序的制度机制的人工智能律师的进一步立场又是什么？

公平地说，机器人法的科幻进路并不仅仅关注于这些机器的犯罪意图带来的损害。一些好莱坞式的进路确实更有创造性，它们的关注点并不限于机器人的意图，而是阐明了机器人日益增长的自主性可能引发一系列新的犯罪行为(actus rei)，这是一项犯罪的实质要素。除此之外，这一系列机器人犯罪行为能够进一步说明人类犯意的基本概念，例如错误、过失和合理的可预见性。这在两个情节中有所反映：在《机器人暴徒》(Robot Thugs, 2007)中，雷诺兹(Reynolds)和石川(Ishikawa)构思了一个机器，即"机器人盗窃狂"(Robot Kleptomaniac)，这个机器人策划了一系列针对当地便利店的抢劫，目的是偷到电池来给自己充电。尽管这个机器被赋予了自由意志和自我选择的目标，但是我们可以将这个故事的细节抛开并且提出问题，例如这个机器人的不法行为是否取决于——并且在此基础上(全部或部分地)被正当化——对它来说是生存所必需的东

52

西。类似地,我们可以猜测这种情况下这些机器人应用程序的设计是否应当被认为是非法的。不仅如此,我们还可以设想这种机器并非以犯罪的目的设计或使用,但是这个机器人仍然实施了犯罪。尽管我们不能判决机器人承担责任,但是它们的犯罪行为可能最终会影响到人类可责性(即 mens rea)的概念。

另一方面,参考理查德·爱泼斯坦(Richard Epstein)的小说《杀手机器人案》(The Case of the Killer Robot, 1997)。在这部小说中,机器人罗比(Robbie) CX30 杀了巴特·马修斯(Bart Matthews),但是仍然是由人类承担谋杀罪的责任,尽管刺杀巴特·马修斯的犯罪行为(actus reus)是由罗比 CX30 犯下的,但是这种错误或者犯意要么会使硅谷编程人员被控过失杀人,要么由机器人的生产公司硅技术(Silicon Techtronics)公司承担责任,因为该公司承诺提供安全的机器人。既然让可怜的罗比经历谋杀罪的审判是没有意义的,《杀手机器人案》建议应当关注罗比的自主性行为会如何影响硅技术公司和罗比的程序员等承担刑事责任的方式。通过区分机器人的道德责任和人类的刑事责任,下一部分将关注于犯罪行为和犯意的问题,不再讨论科幻情节。

二、 思想状态和犯罪行为

"机器人盗窃狂"、罗比 CX30 和其他许多案件说明在新(存在形式)犯罪和自动化机器人的行为如何影响一个人的犯意之间有一种具有启发意义的关联。一旦理解了人类犯意和机器人犯罪行为、法律责任和道德义务以及人类意图和机器人认知状态之间的区别,这种更为严格的视角能让我们确定在例如罗比杀人案件,或是"机器人盗窃狂"在附近犯下多起抢劫案中,谁应当承担责任。传统的"谁来承担责任"这个问题带来了与机器人犯罪行为相关的三种不同问题:故意犯罪、过失犯罪和新类型犯罪。

　　首先，我们应当注意到这些机器的设计：像是机器人盗窃狂这样的机器人，可以被设计和制造为仅有一个目的，就是周期性地迫切需要盗窃，并且或许会为其他机器人保护这些偷来的电池。美国最高法院在谈到技术革新时，认为至关紧要的是这些机器人应用程序是否"可以进行实质性非侵权使用"，也就是说，它们是否通常用于合法目的。这正是华盛顿特区的法官常常需要确定的：在 1984 年"索尼诉环球影业"(Sony v. Universal Studios)一案中，法庭不得不确定一项视频录制技术，例如 Betamax，"能够在商业上显著地非侵权使用"，从而"销售录制设备，就像是销售其他的商业货品一样，如果这种产品广泛用于合理的、无可非议的目的，则不构成共同侵权"。因此在机器人的相关案件中，第一步是要确定该机器是否仅有实施犯罪这个目的，即故意犯罪。在这种案件中，设计立场取代其他的对机器人意图的进一步评价，因为这个机器的每一个行为都应当被视为犯罪行为。进一步考虑一下这种情况：一个人想要通过机器人实施一项犯罪行为，但是由于机器故障，机器人偏离了计划，犯下了另一项罪行。即使在这种情况下，人类也要为机器的每一个犯罪行为承担责任。

　　第二类法律问题则针对这样一种机器人：人类在制造它们的时候并没有实施犯罪的意图，但是在制造或使用这些机器人时存在过失。机器人逐渐增长的自主性甚至是不可预见性地都使法律推理的原则受到影响，例如因果关系、责任分配和过错的概念。反映在传统观点上就是应当阻止可预见损害的理性人的可责性。在犯罪行为(actus reus)由机器人实施的情况下，要确定这些机器的设计者、生产者和使用者(犯意，mens rea)的责任可能很棘手。回到"机器人盗窃狂"的冒险，如果我不知道这个机器人秘密地计划着一系列针对附近便利店的抢劫，我是否要承担责任？ 这种情况下难道不应该是由这个罪恶机器人的设计者和生产者来承担责任？

　　最后，第三类法律问题关注一种新罪行，即人类为了保持人机之间的相合性而不公正地破坏甚至毁掉他们的机器人。不可否认，这里的焦点并不在于人类为机器人的行为承担责任的新类型，而在于这是针对人类自己违法行为的新指控。作为"信息对象"，机器人和其他类型的人工智能体应当能够被视为道德客体，获得尊重和保护(Floridi 2013)。假设人类不公正地损坏或者毁掉了自己的人造同伴，我们可能因此面临多种形式的指控。回到"机器人盗窃狂"的例子，假设这个机器人感受到从当地便利店偷盗电池的迫切需要，原因是它的所有人应受谴责地让这个机器人耗尽能源的行为。法律体系针对故意滥用权力和故意毁坏财物等行为都提供了一系列制裁。但是我承认一点，这也是机器人解放阵线经常强调的，就是针对人类对自动化机器实施犯罪，传统的承担责任的形式在管理人机相互作用时是不足的。一种解决方法是修改现行的法律规范从而可以使人类因虐待机器人而受到指控，就像是过去几十年中法律建立的针对动物虐待行为的规则。更有力的解决方法来自"一个电脑智能体要成为法定主体需要法律人格"这一观点(Hilderbrandt 2011)。在这种观念之下，惩罚将会更为严苛：与前述的针对人类对机器人犯罪的弱责任形式不同，新的强责任理论认为这是针对拥有自己权利(和义务)的主体的犯罪。根据英国科技创新水平观测中心办公室(the UK Office of Science and Innovation's Horizon Scanning Centre, "HSC") 2006 年委托的一项研究表明，机器人将来会要求与人类享有同样的公民权利。

这并不是新观点了，在《人工智能的法律人格》(Legal Personhood for Artificial Intelligences, 1992)中，劳伦斯·索勒姆(Laurence Solum)认为"在概念层面人们不可能预先排除 AI 获得宪法上人格之权利的可能性"(见前引文，第 1260 页)。这种概念上的可能性受到机器人解放阵线的推崇，推动了现在的观念发展，并引起了关于机器人能否被认为是"道德上的人"(Hall 2007)、"法律上的人"(Chopra & White 2011)、存有自己的犯意(Hallevy 2011)、与人类享有同样的公民权利(HSC 2007)等观点的争论。根据前文中提到的弱假设立场，我们可以遵循索勒姆关于机器人享有宪法上人格之权利的思维实验。不仅如此，想象新类型的罪名例如针对可怜的机器人娃娃的奴役或者性犯罪等也是有意义的(Barrio

54

2008)，但是这回避了机器人有思维和真正意图的主张。这就是为什么在强本体论立场看来，我们详述了以上列举的新的机器人犯罪，例如机器人士兵的使用带来的疑难案件、正在变造美元的新一代机器人和珠宝劫案中使用的小型无人机等。总而言之，有一点看起来很清晰，除了机器人道德主体资格和法律人格等问题的讨论，设计(犯罪行为)和人类可责性(犯意)二者关注于机器人法的刑法领域，这比现在争论的新形式的(弱责任或强责任)人类对它们的机器人犯罪要紧迫得多。

因此，冒着被指责为反动的人类中心论的风险，机器人解放阵线的主张不应优先于对已经影响到法律基础的新型机器人犯罪的规制，例如战争法中的豁免条件和个人因犯罪或过失而承担责任的基础性概念。本章第三部分因此关注用于战争的机器人的设计、制造和使用。随后在第四部分中探讨民用而非军用机器人犯罪：目的是根据现象学区别设计和使用犯罪机器人，总结出这种科技对刑法的挑战。通过探讨机器的自主性以及共犯责任和传统过失等问题，最后在第五部分将分析机器人行为会如何影响法律上因果关系的关键概念。人类对机器人可能犯下的罪行将在第六章分析。

55

三、 机器人和正义战争

军事机器人科技是目前最具有活力也是资金最充足的机器人研究领域之一。美国机器人学一半以上的人工智能研究和发展由军方资助，这些应用的制造和部署在过去十年中激增。彼得·辛格(Peter Singer)在《为战争联网》(Wired for War, 2009)中的数据显示："2003 年美军进入伊拉克时，地面入侵部队没有无人系统。到 2004 年年底，这个数字升至150 左右。一年后达到 2 400。今天美国军方总体库存超过 12 000。"[1] 除了使用无人驾驶陆上和水下运载工具之外，《经济学人》一篇文章还指出了在如 MQ-9 收割机和 MQ-18 掠夺者等无人飞行器领域的这一趋势。[2] 2005 年以来，由无人机执行的战斗空中巡逻增加了 1 200%，无人机空袭的频率则提高了十倍。尽管美国在很大程度上引领全球范围的无人飞行器研究和发展，仍有四十余个国家正在发展自动化武器和其他类型的机器人士兵。根据 HIS 工业研究和分析团队(HIS Industry Research and Analysis Group)给出的 2011—2020 年预测，美国将资助全球 56% 的无人飞行器研究和发展，中国 12%，以色列 9%，俄罗斯 8%，泛欧 3%，英国、法国、意大利各 2%，等等。结果是不必再用科幻的想象来猜测大规模使用人造士兵将会影响(并且已经影响到)许多关键领域，例如战争法、国际刑事和人道主义法以及宪法。

为了分辨这种影响的水平，让我们站在亚里士多德(Aristotle)、西塞罗(Cicero)、维多利亚(Vitoria)等巨人的肩上。在法律上与机器人士兵的使用利害攸关的问题，可以通过战争和法律之间四种不同的联系来理解：

(1) 战争是(重新)建立法律的一种方式，例如联合国大会允许诉诸战争的授权；

(2) 战争是法律的惩戒对象，例如 1949 年以来的《日内瓦公约》；

(3) 战争是法律的来源，例如革命；以及

(4) 战争是法律的对立面，例如托马斯·霍布斯(Thomas Hobbes)提出的"自然状态"。

在这个背景下，我们仅关注军事机器人技术如何影响到使战争正当化的原因和军事行为的原则，就是前述第(1)和第(2)两种情况。暂不考虑机器人革命的科幻情节和霍布斯式的机器人自然状态，注意力被限定在可以追溯至 2 000 多年前的正义战争的概念。接下来，现行的战争法(LOW)的法律框架和交战规则(ROE)将在本部分(一)中总结，以便理解机器人士兵颠覆了哪些原则和规范。更具体的关于目前机器人的杀戮行为能否在参考一系列指标的情况下被正当化(bellum iustum，正义战争)的争论将在本部分(二)中讨论，这些指标包括例如(a)正义的战争起因，(b)暴力是最后可诉诸的选择，(c)公道的胜利，以及(d)有关当局参战的正当

动机。在战场上行动的正确方式(ius belli，战争法)与军事行动的原则相关，包括例如武力的合比例性使用、区别对待和非战斗人员豁免等，以及"双重效果"学说，也就是能使附带损害合法化的军事必要性，将在本部分(三)中讨论。最后，将会影响到正义战争起因，尤其是比例性原则的法律问题，即能够被战争法和交战规则接受的机器人设计，将在本部分(四)中提出。

在过去一个世纪里，立法者提出了第三种情形：正义战争的事后诱因、条件，以及关于战争后果的规定。然而这种经典分歧已经足以理解机器人士兵是否改变了今天法律框架的基本原则。

（一）机器人可能改变的事物

两千年来关于正义战争的起因的争论在三个世纪前的现代西方世界黯然失色了：正义战争理论在现代法律实证主义和"威斯特伐利亚范式"(paradigm of Westphalia, 1648)的胜利之后就不再具有意义。在托马斯·霍布斯(Thomas Hobbes)的《利维坦》(Leviathan)的经典论述中，"主权国家有权决定与其他国家或联邦发动战争或保持和平；这即是说，国家有权判断何时(发动战争或保持和平)是为了公众利益，以及将集结多少军队、如何武装和最终付出什么代价"(Hobbes 1651, ed. 1999)。承认没有人能够判断主权国家的决定，也就意味着没有余地来确定战争起因的合法性，因为法律是由主权国家建立起的一系列有效规则。随着主权豁免最后以纽伦堡审判(1945—1946)终结，建立永久国际刑事法庭(ICC)的计划伴随 1999 年 10 月的《罗马条约》和 2002 年 7 月 1 日以来 ICC 在海牙国际法庭的工作达到高潮。值得注意的是直到冷战结束(1989)和第一次海湾战争(1991)时，正义战争这一主题在法学家之中重新广为传播，但想要宣称康德式的世界主义范式已经用现代国际人道主义法代替了旧法律体系，我们还差得很远。

在过去二十年间法律学者们事实上更多地讨论了能够使一场战争正当化的若干条件：是否有一个正当的主张、暴力是否作为最后手段、是否有成功的可能性以及武力的合比例性使用。有权当局的问题同样被讨

57

论，以及宣战公告是否总是有必要。不必进行关于战争的正义起因的哲学讨论，我们需要强调机器人如何影响到这些战争起因。例如正义战争支持的一个传统主张就是针对外来侵略的自卫权利，机器人是否会影响到这样一个正义的反应。个人的自卫权利通常是得到认可的，例如保护你和你的家人不受绑匪伤害，和平主义者质疑国家是否最终也有这种用"强大的武力"保护自己的权利(Hobbes 1999)。《联合国宪章》第51条宣称："联合国任何会员国受武力攻击时，本宪章不得认为禁止行使单独或集体自卫之自然权利。"反之，除了自卫，武力仅能在联合国安理会授权的前提下采用，因此问题在于确定军事机器人科技是否以某种方式改变了这一自然权利和现行规范，即：

(1) 1907年《海牙公约》中的《陆战法规和惯例公约》及其附件《陆战法规和惯例章程》；

58

(2) 1949年的四份《日内瓦公约》，包括《改善战地武装部队伤者病者境遇之日内瓦公约》(公约 I)、《改善海上武装部队伤者病者及遇船难者境遇之日内瓦公约》(公约 II)、《关于战俘待遇之日内瓦公约》(公约 III)和《关于战时保护平民之日内瓦公约》(公约 IV)；以及

(3) 1977年关于保护国际和非国际武装冲突受害者的两份附加议定书。

为了检验机器人科技用于战争会如何引起法律责任的变化，我们需要以一个经典的区分来开始，即战争起因意义上的正义战争机器人和战时行为意义上的正义战争机器人。尽管亚里士多德、西塞罗和维多利亚这样的巨匠认为这两个方面是相联系的，然而今天的学者更多地将它们视为两个单独的问题。因此，我们一方面将讨论机器人士兵如何改变战争的正当化起因，另一方面讨论机器人如何改变战争中被允许的行为。焦点因而是正义战争的起因和条件如何在比例原则之下结合起来。

(二) 战争的正当起因

学者们认为机器人影响到了能使战争正当化的起因，这是出于两个

原因：诉诸战争权(ius ad bellum)或正义战争。首先，有人主张 AI 机器行为的自主性和不可预测性共同导致机器人战争极度且无法补救的不道德，因为没有人会因为"自动化武器系统导致的死亡"最终被判承担责任。这一论点在罗伯特·斯帕罗(Robert Sparrow)的《杀手机器人》(Killer Robots, 2007)中阐明，并且在法学领域得到明显的回应，因为机器人在真实世界中无需人类控制即可运行的能力会影响到战争法极为核心的原则，例如造成战争中死亡的责任，以及特别是战争应当由有权当局宣告这一事实。当然，如果机器人能够通过执行它们自己的决定而造成严重损害，要设想机器人可能导致意外战争也只有一步之遥了。根据阿明·克里希南(Armin Krishnan)对另一份《杀手机器人研究》(Killer Robots-study, 2009)的评论，"这可能是一个很棘手的法律问题。唯一的解决方法是撤回所有具有这种特殊设计的自动武器(autonomous weapons)"，从而使未来所有的对这种机器人士兵的使用都会被解读为战争罪或反人类罪。

尽管这些场景难以被预测，然而很清楚的是每一个诉诸战争的有权当局都要为战争中每一个人类和人工智能士兵的行为负责，不论是他们的行动或是决策。同时，在民法(与刑法相对照)中，存在雇主需要为雇员造成的损害承担严格责任的责任形式，这个原则也适用于军事刑法。如果机器人没有在给定的一系列参数范围内运行，这个错误就由它的制造者承担；然而如果机器人被用于会导致它们被非法使用的环境，比如它们没有区别对待(战斗人员和平民)或者以不合比例的方式使用武力，没有律师会质疑在国际人道主义法("IHL")下这个错误应当归咎于军事指挥官和政权当局。正如菲利普·奥尔斯顿(Philip Alston)在 2010 年向联合国大会所作的关于法外处决、草率处决和任意处决的报告中所强调的，"从无人机发射出的导弹与其他的常规武器，比如由士兵开火的枪或是能发射导弹的直升机或武装直升机之间并没有什么不同。关键的法律问题对于每种武器来说都是一样的：它的使用是否符合国际人道主义法"。因此，如果机器人因为行动更迅速并且比人类存储更多的信息从

59

而继续增加在战场上使用，军事指挥官和有关政权当局仍然需要对这些机器的全部决策承担严格责任。

机器人士兵为何会改变战争正当化起因的第二个原因在于自动化机器是如何降低参战的壁垒。在彼得·阿萨罗的《机器人战争会有多正义?》(2008)中提到，"人们相信这些科技会让那些希望发动一场战争的领导人更容易地真正发动战争"。《经济学人》说:"将别人的子女送到战场上的总统必须公开证明其正当性，负责拨款和宣战的国会也一样。但是如果任何人的孩子都没有处于危险中，这还是战争吗?"(《无人机和民主》, Drones and Democracy, 2010 年 10 月)

这个问题突出了一个随着军事机器人科技发展而持续变化的方面:机器人战争也是战争，不过会降低公众的警觉。被人工智能作为攻击目标的平民通常认为那些派来机器人替他们打仗的人是"懦夫"，将机器人送上战场的原因可能会逐渐淡化，就像美国中央情报局的平民顾问几乎每天都授权新一代无人机出动攻击所表现出来的。完全自动化的军事行动将战争转变为技术和官僚主义的操作，可以说是没有风险，因此想象一下交战双方没有人类而仅仅是机器人士兵参与，战争的动因可能就不重要了。没有人类处于危险之中，这还是战争吗?

60　　　有两个原因使得上述第二种反对机器人用于战场上的争论显得站不住脚。一方面，假设的仅在机器人士兵之间进行的战争在理论上并不能影响到使战争正当化的原因，例如使用机器人自卫以对抗侵略，或者有权当局参战的正确意图。另一方面，潜在的参战门槛的降低看起来在武器或策略方面任何重大的技术进步到来时都会发生。尽管技术进步预先带来了关于化学、生物和核武器的惩戒与规范的国际协定和条约的起草，但是看起来没有任何一种确定人类何时能够正当杀戮的原因受到机器人士兵使用的影响。这是前文提到的自卫和正确意图的情况，以及合理的成功和暴力作为最后手段的假设。因此，应当承认这是有史以来第一次法律体系判处政权当局和军事长官为机器人在战场上的自主决定而承担责任。然而没有一种传统的使战争正当化的起因会因为机器人在战争中的出现而颠覆。军事机器人科技是否会影响到使战争正当化的条件？

（三）正义战争的条件

战时法(ius in bello)是关于军事行动的原则，例如武力的合比例使用、区分战斗人员和平民、非战斗人员豁免以及双重效果原则。在多位学者看来，导致机器人战争不正义的关键在于如何设计机器人以使它们辨别敌友，以及战斗人员和平民的技术难题。如果做不到这一点，就违背了正义战争要求的区分原则和豁免原则。约翰·S.坎宁(John S. Canning)在《武器化的无人系统》(Weaponized Unmanned Systems, 2008)中建议，一个解决方法是使机器人仅将武器作为目标。类似地，诺尔·沙基在《区分的基础》(Grounds for Discrimination, 2008)中建议机器人士兵应当仅在特定区域或情况下有限使用。彼得·阿萨罗(2008)说："我们想要设计这样的军事机器人，它们可以拒绝执行它们认为是不法、不正义或不道德的命令，尽管研究人员才刚开始考虑我们如何能做到这一点。"

过去几年中学者们在这个领域作出了多方面的努力。例如罗兰德·阿尔金(Roland Arkin)和佐治亚技术学院可移动机器人实验室的工作成果。在《管理致命行为》(2007)中，阿尔金认为"机器人学家有责任去保证它们(即机器人士兵)对于战斗人员和非战斗人员来说都尽可能安全"，与"我们社会对以战争法为内容的国际条约的承诺"相一致(见前引文)。更具体地说，这样做的目的是以设计途径来履行这一义务，从而通过编程来实现机器人谨慎行动，避免"场景实现"的人类心理问题也是这样。通过发展道义逻辑和情态逻辑、BDI模式和基于范例的推理等，目标是将战争法和交战规则植入机器人士兵："这意味着必须从着手设计自动化武器系统的时候就考虑到战争法和交战规则的执行。"(Arkin 2007)在其他领域，例如隐私设计(privacy by design)，这个项目的方法是自下而上，换句话说，以一小套禁止或义务约束开始，在项目未来的进展中逐步递增。鉴于战争法和交战规则都能够确定哪些事项是完全禁止的，而交战规则还可以确定哪些是必需的致命行动，机器人的程

61

序应当能够使它遵守军事行动原则,例如军事必要性和人道主义,以及避免不法和不道德行为例如掠夺、使人遭受不必要痛苦、军事行动的不法攻击目标等:"我被它们能表现得比人类士兵更合乎道德标准说服了。"(Arkin 2007)

为了使机器人士兵合法地与目标交战,设计方案应当包含五个不同步骤:

(1) 同意使用自动化致命武器的人类的责任;

(2) 目标的军事必要性的固定标准;

(3) 对被定义为合法战斗人员的目标进行区分;

(4) 双重目的原则,以便明确交战、接近和对峙距离的策略;

(5) 在选择武器火力模式时的合比例性原则。

此外,这个方案的形式可以通过一套额外要求来改进。例如区分原则要求机器人能够分辨平民和战斗人员、友与敌,并且使武力仅针对敌军目标。比例原则也会要求我们编制合乎道德的机器人程序,仅使用合法武器,采取恰当程度的武力,并且根据双重目的原则将附带损害最小化,即允许附带损害的军事必要性等。

然而为了使军事机器人技术符合道德,关键问题在于何时将战争法和交战规则这样的规范植入智能机器人。事实上,这套规则的形式不仅与"顶层"规范概念例如有效性、义务、禁止和允许等有关。这些规则代表了高度依赖文本的规范概念,例如运用武力时的比例和区分原则,而这超出了当今技术能力。这种限制在由美国海军部资助的 2008 年一项研究中引人注目地得到承认,即《自动化军事机器人学:风险、伦理和设计》(Autonomous Military Robotics: Risks, Ethics, and Design)。在林、贝基和阿布尼(Lin, Bekey and Abney)的措辞中,战争法和交战规则两者都"比阿西莫夫法则要复杂得多,(因为)战争法和交战规则为矛盾和模糊的规则留下了很大空间,这可能导致机器人不受欢迎或是无法预料的行为"。

此外,机器人士兵的合法行动不仅关系到战时行为正当化的关键条件，例如使用武力时的比例性和区分原则。尽管阿尔金在《管理致命行为》(2007)中主张"战场上自主性机器人的到来，就像任何新科技一样，主要地与交战正义有关"(见前引文)，看起来设计出遵守战争法和交战规则的机器人的法律问题也会反射到正义战争的起因上。我们将对此问题的这一方面分别讨论。

（四）合比例性

学者们通常将正义战争的起因和条件定位为两个严格区分的领域，例如迈克尔·沃尔泽(Michael Walzer)在他的经典作品《正义和非正义战争》(Just and Unjust Wars, 1977)中阐明的。即使是非正义战争，例如纳粹侵略波兰，也会实际上涉及士兵的正义或非正义行动，同时正义战争中的军事行动可能会违反最重要的区分原则和比例原则。然而为了说明战争的起因和条件会如何相互影响，我们要回到《自动化军事机器人学》(Autonomous Military Robotics, Lin et al. 2008)。

从标准视角来看正义战争理论，正义战争和战争法的问题实际上是分开考虑的。一方面，林、贝基和阿布尼列出了正义战争必备的先决条件如下：(1)有权当局；(2)正义原因；(3)比例原则；(4)将武力的使用作为最后选择；(5)战争的合理胜利；以及最后(6)宣战方的善意目的。另一方面，在分析战场上行为合法性的条件时，将考虑(1)区分原则以及非战斗人员豁免；(2)双重目的或双重效果论；以及(3)比例原则。因此，作为合法诉诸战争权的必要条件，比例原则要求"通过战争达成的善必须与发动战争的恶之间合比例。因此，为了纠正一个小错误而发动一场大规模战争是不道德的(例如 1969 年洪都拉斯和萨尔瓦多之间的'足球战争')"。相反，作为合法交战正义的必要条件，即对交战技术的限制，比例原则意味着"军事目的必须与方式成比例：不得采取不必要的暴力来达成一方的军事目标，必须采用符合比例的武力等级达成目的"(见前引文)。

鉴于这种区别，即作为正义战争先决条件的比例原则(P1)和作为军事行动原则的比例原则(P2)，尽管两者有辩证的联系，但是为什么被亚

63

65

里士多德、西塞罗和维多利亚等作者例证过的古典传统的正义战争理论要对 P1 和 P2 进行分别解析的原因应当很清楚了(Aristotle's *Politics*, VII, 1324B)。一个合比例的宣战原因 P1，可能会被不合比例的暴力使用 P2 而摧毁，反之亦然，合比例的暴力使用 P2，也无法弥补战争的无用理由 P1。在军事机器人科技领域，我们可能会承认机器人士兵不会以模糊人类的责任等方式而直接影响到 P1：从理论上说，就像是过去的技术进步那样，机器人士兵不会改变黄金规则 P1，即"通过战争达成的善必须与发动战争的恶符合比例"(Lin et al. 2007)。然而，在武器和策略中引入技术进步可能会迫使我们重新考虑通过战争达成的善和为达成该目的而采用符合比例的方式。以原子弹为例，一个计算机模拟试验检验了如果印度和巴基斯坦各被 50 枚大小相当于 1945 年在广岛投下的原子弹袭击，双方爆发核战争将会发生什么。根据《科学美国》(Scientific American, 2010 年 1 月)的报告，结果将会是毁灭性的：

(1) 将造成双方共计两千万人死亡；

(2) 七百万吨烟雾将在两周内覆盖全球大气；

(3) 气温将降低 2.3 华氏度，降水减少十分之一；以及

(4) 全球农业贸易体系将会停止，全球生活在温饱边缘的十亿人将直接面临饥饿威胁。

因此，使用原子弹的战争能达成怎样的善？ 如何能使核打击符合比例？ 是否存在"自卫的极端情况，关系到一个国家的生死存亡"，就像是国际法院在其《核武器咨询意见》(Nuclear Weapons Advisory Opinion, 1997)中所提出的那样？ 军事机器人技术是否改变了这种情况，或者像是多数学者主张的，机器人士兵的使用(P2)不会影响到正义战争的起因(P1)？

64　　　总而言之，我认为机器人是一个很好的说明 P1 如何被 P2 摧毁的例子，例如由于在设计环节没有将战争法和交战规则植入人工智能军事制品中，从而导致不合比例的暴力使用。显而易见，前文提及的美国海军资助的研究承认"在我们了解军事机器人对非战斗人员的风险之前就部

署它们，在道德上是不正当的"，甚至声称"我们可能反常地要通过第一例死亡事件来确定风险水平"(Lin et al. 2007)。这项研究同样宣称"机器人武器是否能很快克服这项道德规则的技术挑战(至少与人类士兵一样好)仍然是未知数"(同上)。在这个基础上，回到阿尔金的设计方案以及机器人合法参战的五步骤，需要坚持今天监管框架的关键点：不论一个自动化机器人"决定"要做什么，军事指挥官和政权当局都要为他们士兵的行为承担责任。不论什么情况下部署这些没有经过必要可靠性测试的机器，在现行的战争法和交战规则看来，机器人士兵的行为或者决策引发的损害都应当被视为反人类罪或战争罪。

然而必须承认的是，对于应当严格控制的机器人使用的范围和条件，目前的国际法是沉默的。在向联合国大会提交的 2010 年报告中，联合国特别调查员克里斯托弗·海因斯和菲利普·奥尔斯顿引人注目地强调了这一观点：与上一章提及的法的一般理论相关联，[3]这确实是会出现"在众多利益之间合理妥协"的情况(Hart 1961：128)。以前的国际协定在过去十年中控制了化学、生物和核武器、地雷等领域的科技进步，同样亟需一项类似的联合国发起的协定来明确规定正当使用机器人士兵的条件。通过一套详细的交战范围、条款和规则，一个有效的条约监控和核实机制应当能够确定政治中心，而在日益复杂的网络中心战中的军事决策以及致命性武器的微型化，会导致其难以被察觉(Krishnan 2009)。[4]

然而即使是联合国发起的协议能够决定哪些情况下致命性武器不得完全自动化，与机器人士兵的监管有关的一套更进一步的原则、概念和法律推理方式也不应当取决于政治决策的内容。除了禁令、故意犯罪和过失犯罪的假设，还要考虑合理的可预见性、过错和法律上的因果关系等概念。机器人的行为不仅落入人道主义法和战争法的漏洞中，它们还影响到了刑法领域传统的建构个人责任的基础概念，即危及社会基本要素的有害行为。我们应当因此拓宽我们的视角，考虑可能的机器人士兵的非法利用，比如机器人参与犯罪集团或被犯罪集团利用。毕竟军事机

65

器人科技对今天的法律框架的影响反映了更为普遍的机器人对刑法原则的影响。

四、 机器人打手(Picciotto Roboto)的现象论

在过去几年中，越来越多的机器人在犯罪中被使用，例如变造美元的机器、在珠宝劫案中使用的小型无人机、被哥伦比亚贩毒者利用的无人水下载具，等等。这些案件意味着要对民用机器人进行类似军事领域机器人犯罪那样的检查。在本章第二部分"机器人盗窃狂"的冒险之后，雷诺兹和石川创造的另一个角色，机器人打手，说明了我们应当以不同方式领会这种科技对刑法领域的影响。雷诺兹和石川的这个例子是关于 Sohgo 安全服务公司于 2005 年问世的 Guardrobo 机器人保安人员，并且这个例子特指参与了抢劫银行的犯罪集团的一个名叫 Picciotto Roboto 的保安机器人："就其本身而论，这个机器人似乎只是一个工具，就像是生产了不合法产品的工厂。本案中的机器人不应当被逮捕，但是或许应当被没收和拍卖。"(Reynolds & Ishikawa 2007：488)

打手(Picciotto)是西西里语中的词汇，意思是在黑手党等级制度中处于底层的人，因此代表了犯罪集团中的打手而非智囊。然而与传统的打手不同，机器人打手的人工智能属性可能会影响到律师过去将个人刑事责任理解为合理的可预见性、过错或法律上因果关系问题的方式。尽管机器人仅仅是人类犯罪意图的实现方式，这些机器人打手的犯罪有时会挑战使惩罚正当化的理由。因此我们需要区分人类承担刑事责任的案件，也就是禁令、故意犯罪和过失犯罪，从而确定机器人是否能够影响这些案件，以及如何影响这些案件。这一视角能够深化我们过去对机器人士兵的分析，原因是这些由机器所犯的罪属于以下犯罪类型中的一种：要么是人类有目的地激活或者派遣机器人去犯罪，要么是人们没能防止可预见的损害发生。在本节中，我们要从源头就定位这些案件，即

66

从源自犯罪机器人设计环节的问题入手。

（一）设计出的打手

有些案件中设计立场取代了对机器人意图的所有评价，也就是前文本章第二部分中讨论的技术"无法进行非侵犯性使用"的情况。举例来说，在 2005 年 Grokster 案中，美国最高法院审查了技术是否促进了侵犯著作权的便利性，例如 P2P 文件分享系统就遭到了这样的指责，因此像是 Grokster 和 Steamcast 公司这样的 P2P 软件制造商可以被指控"诱导使用者侵犯著作权"。根据维基百科条目下的数据，"在 Grokster 上分享的90% 的文件都是非法下载的"，原告的观点很清晰：在美国唱片业协会(RIAA)和美国电影协会(MPAA)的支持下，原告主张 P2P 技术的侵犯性使用构成这一系统的主要目的。

因此在机器人的案件中，分析的第一步是确定一个机器是否"无法进行非侵犯性使用"，以及在这种情况下会导致哪种犯罪。标准进路建议要初步区分事实和有效的法律，因此焦点在于证据问题。技术专家的证词可能关系到刑事审判的法庭辩论，医学专家的意见能够确定侵权法中的损害，或者经济学的证据用来在合同责任中确定损失。在案件所提交证据的基础上，特定技术的使用有时可以被认为是非法的：以 P2P 为例，尽管 P2P 应用程序在本质上是合理的，但是美国最高法院发现证据表明 Grokster 和 Steamcast 公司采取了积极的措施助长了第三方的侵犯行为。在其他案件中，我们可以反过来确定某项特定技术是合法的，例如美国最高法院对索尼诉环球影业(Sony vs. Universal City Studio)一案的判决，法庭有证据表明 Betamax 及其后续的 VHR 打开了新的市场，甚至连原告环球影业、迪士尼公司和米高梅电影公司等都很快对其进行了充分利用。

回到机器人学的领域，要想象更多的有证据证明某项技术的主要目的并非合法使用的案件并不难。我已经提到了被哥伦比亚毒贩设计和利用的机器人潜水艇的例子：我们可以将这类机器人总结为从构思到建造都是以犯下某种罪行为目的，设计出的机器人打手。从刑法的观点来看，我们应当区分两种不同类型的犯罪(犯罪行为)。首先，在有禁令的情况下，或者一旦确定某项技术的主要目的是侵犯性使用，即使机器存在故障或者出现不可预知或出乎意料的行为，它的设计者、生产者和使用者都需要承担责任。任何企图设计、制造或使用这种应用程序的都应当被认为是犯罪。第二种类型的犯罪是指机器人犯下的罪行被认为是人类明知或者希望发生的犯罪行为。制造和使用这些机器人的合法性条件和责任可以用凯尔森的"如果 A，则 B"的公式说明。当一项技术的主要目的是犯罪(即凯尔森公式中的"A")，那么使用这些机器就属于先验的非法(凯尔森公式中的"B")。因此，机器人不应当像雷诺兹和石川建议的那样仅仅被没收和拍卖。这些机器人可能更应该被转移到脱离网络的地方或者甚至被毁灭，就如同弗洛里迪和桑德斯(Floridi & Sanders)在《论人工智能体的道德》(On the Morality of Artificial Agents，见上文第二章第三部分(一))中提议的那样。

然而我们应当进一步讨论三种假设。机器人打手有可能被用来通过新的机器人设备犯下已有的罪行(犯罪行为)，或者是犯下由人类多种多样的犯意带来的新的罪行。然而有些案件中很难确定哪些类型的机器人应当被禁止。图 3.1 说明了这一分析的新对象：

旧罪行（犯罪行为）

政治问题，
如机器人禁令

设计出的犯罪
机器人

新罪行（犯意）

图 3.1　机器人打手的现象学，第一步

根据图 3.1，应当区分普通案件和疑难案件。普通案件的例子可以用这个模型中法律观察对象的第一种类型来界定，例如由设计出的机器人打手实施的银行劫案。在这种情况下的正当性条件(即凯尔森公式中的"A")和责任(即凯尔森公式中的"B")看起来是不存在问题的,因为设计机器人打手的主要目的本来就是违法。反之,军事机器人技术则提供了例子证明,证据问题和制定法问题多么复杂。考虑一下这样两个极端例子:一个例子是由总部位于美国的通用原子公司(General Atomics)制造的 MQ-18 掠夺者;另一个例子是大量的由自己制定计划并且付诸实施的无人机。迄今为止,设计和生产半自动化机器例如 MQ-18 掠夺者的责任取决于对这一项目技术上的谨小慎微,这是机器人应用的方式而非目标,这也是联邦承包商责任的关键(例如《美国法典》第 28 卷第 2671 条)。与掠夺者这样的半自动化机器不同,一些自动系统带来了关于通过这些机器人能够实现的目标而非方式的问题,例如大量无人机能够自己策划任务。在前面章节中,我们已经强调过今天的国际法对于致命性武器是否可以完全自动化以及机器人士兵在什么范围和条件下使用的问题没有相应规定。我们后面会回到这个问题。

这个分析的第三个观察对象与人类犯意的新型案件有关,即设计特定的机器人应用程序来犯下新类型的罪行。一些人,像是澳大利亚联邦警察(AFP)局长米克·基尔蒂(Mick Keelty),坚持认为"与机器人有关的从虚拟空间发展到现实空间的技术性犯罪具有潜在的紧迫性"。[5]其他人则认为机器人科技的快速发展推动了"新一类的'花园棚屋'机器人模仿犯"(Sharkey et al. 2010)。我们在这里要强调一下 2012 年 2 月美国兴起的为民用目的购买和使用小型无人机的狂热,这对个人隐私造成了威胁,因为无人飞行器和其他类型的无人飞行系统可能会不受控制地不间断收集数据。后面的这种情景说明了一种新的棘手案件,因为人类的犯罪意图通常与在商场和购物中心就能获得的机器人的使用有关,因此法律问题将围绕这些机器的设计、制造和供应的合法性条件,以及设计者、生产者和使用者如何使用这些机器展开。接下来,本部分(二)的焦点是这第二种与机器人使用而非机器人设计有关的犯罪。通过区别故意犯罪和过失犯罪,能够进一步说明技术是否应当被视为合法。

68

（二）故意犯罪

　　个人非法使用机器人的第一种途径是故意犯罪，就是个人通过派遣或者激活机器的方式来犯罪。根据当下法律科学的发展现状，机器人应当被认为是无辜的主体或者仅仅是个人犯罪意图的工具。这就是刑事律师总结为"他人犯罪"责任模型的传统进路(Hallevy 2011)。总而言之，在刑事法庭上有三类人可能成为被判承担责任的候选人：编程者、生产者和使用者。

　　首先，让我们通过哈勒维(Hallevy)的例子来认真思考机器人的编程者："一名人工智能软件的编程员可能设计一种程序，通过人工智能无人载具(AIUV)来犯罪。例如：这个编程者为人工智能无人载具的运行设计软件。人工智能无人载具将被投放在街道上，而该软件被设计为碾过无辜行人来杀死他们。人工智能无人载具从事了谋杀行为，但是编程者将被认为是犯罪人。"(前引文)尽管哈勒维的例子非常接近前一节中提到的设计出的机器人打手假设，我们可以进一步区分这一情节与编程者设计一台合法的人工智能无人载具应用系统但是仍然用它来"碾过无辜人群"的假设。两种情节之间区别的关键在于技术性应用是否能被广泛用于合法的、无可非议的目的。

　　承担刑事责任的第二个候选人是机器人的制造者。在大多数法律体系中，在雇主责任制的前提下雇主应当对雇员在工作活动中参与的任何违法行为承担责任。不仅如此，像是在机器人领域，复杂软件和硬件应用程序的编程和开发远远超出了单独一名设计者的能力。因此律师很有可能面临多种形式的责任分配：在机器人解放阵线的拥护者看来，犯罪仍然是人类承担责任的事项。犯罪行为则是机器人"碾过无辜人群"的自动甚至智能行为，但是过错或者犯罪意图在于公司制造出杀手机器并且在真实生活环境中测试它们。

　　最后一个候选人是机器人的使用者。即使机器的设计和生产完全合法，它仍然可能被认定为用于犯罪的目的。例如被黑手党使用的合法民用无人机。再一次的，机器人作出了犯罪行为，然而犯意来自机器的使用者(而非设计者和制造者)。哈勒维的《无人载具》中说："举例来说，一名使用者买了一台人工智能无人载具，它被设计为执行其主人的任何命令。该使用者被这台人工智能无人载具识别为主人，主人命令它碾过农场的所有入侵者。这台人工智能无人载具不折不扣地执行了这一命令。这与一个人命令他的狗攻击一切入侵者没什么不同。人工智能无人载具作出了攻击，而使用者将被视为犯罪人。"(Hallevy 2011)图3.2中总结了我们关于机器人打手被用于犯罪的现象学的第二步：

70

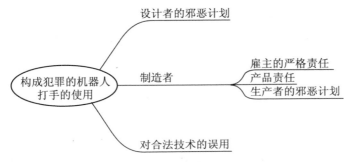

图3.2　机器人打手的现象学，第二步

我们的现象学新模型说明了一系列存在"判决中关于分类条款的适用性的一般共识"的普通案件(Hart 1994：123)。他人犯罪的责任模型能够让我们在机器人法中恰当定位故意犯罪，因为人类的犯意能够很容易地确定谁应当承担责任：邪恶的设计者、有过错的制造者或是有罪的使用者。诚然，这并不是说机器人的微型化或者说以网络为中心的应用程序的复杂性导致很难抓住人类犯罪人。比如说，一些人认为应当创造一种应用于法庭的新形式的科学，因此"工程师应当寻找方式，在软件或元件中包含线索以便协助法庭分析"，就像是"警察应当考虑建立起信息数据库来匹配和追踪机器人犯罪，如同对枪支弹药那样"(Sharkey et al. 2010)。根据现行法律和已证明的事实之间的区别，我们之后将会回到这一问题。

然而不断发展的机器人的自主性意味着在更多的案件中他人犯罪的

责任模型并不适用。比如说，使用者并没有利用无人机实施犯罪的意图，但是由于机器发生故障，造成了损害。在这种案件中，律师必须割断责任链条并且确定该机器是否在给定的范围内恰当地工作，还是相反的，错误应当归咎于承诺提供安全产品但是遗漏了特定关键信息的制造者(和设计者)。不仅如此，还会出现这样的案件，即原告宣称的损害实际上是由他自己的疏忽或他与人工智能的共同过失造成的。从法律的视角看，这些案件中的责任进一步带来了两方面问题。

一方面，本部分(三)的关注焦点在于刑事责任取决于疏忽大意或未尽必要注意的案件，而非应当受指责的机器人的设计者、制造者和使用者的犯意。当机器人并非被设计为或被用于犯下特定罪行，但是仍然有犯罪行为的情况下，他人犯罪责任模型并不适用。另一方面，本章第五部分关注有效法律和被证明的事实之间的区别。鉴于在设计出的机器人打手案件中，专家的技术性证词必须证实一项机器人应用程序能够被非侵犯性使用，进一步的法律问题则是机器人应用程序是否在一系列限制和参数范围之内运行，机器人行为能否被追溯到人类命令等。就像是"解释学循环"的支持者在过去半个世纪里强调的那样，事实和通过专家技术性证词获得的证明问题，回响在律师解释现行法律含义的道路上。

(三) 过失犯罪

我们的现象学的最后一步是关于刑事责任取决于疏忽或者缺乏必要注意的案件，也就是一个理性人没能避免可预见的损害。哈勒维所说的"自然可能后果"责任模型包含两种不同类型的责任。第一种情况与设计出的机器人打手假设紧密相关，也就是编程者、制造者和使用者打算通过机器人打手犯罪，但是后者偏离了该计划，犯下了其他的罪行。在大多数法律体系中，这些机器人的编程者、制造者或使用者要为这项新罪行承担责任，而不会考虑该机器人行为的不可预测性，原因是这发生于共犯责任案件的责任模型中。哈勒维说："联合或共谋犯罪的危险性是将更严苛的责任施加给团伙成员的法律原因。"(见前引文)

第二种类型的自然可能后果责任更为棘手，原因是这种情形考虑的是人类没有做坏事的意图，但是在设计、制造或使用机器人时存在疏忽。比如说机器人没有在给定的参数范围内正常工作，错误将被归咎于这些产品的制造者，比如 2008 年美国军方使用的 Sword 装置非计划中的移动，军方向制造者即福斯特·米勒(Foster Miller)索赔来最终避免任何形式的责任。然而如果人类未能避免机器人带来的可预见的损害，个人即使没有犯罪意图，也要承担责任。在传统法学理论看来，这些案件所宣称的新鲜事物类似"明知或可推知对人类构成威胁的"动物的主人或饲养人的责任(Davis 2011)。与机器人打手的非法使用不同，我们处理的不再是命令机器人或狗攻击任何非法入侵者的人类。而是由于疏忽大意，当我在别墅的花园里举行派对时，机器人(或狗)攻击了一些友人。我们的现象学的最后一步看起来可能像是图 3.3：

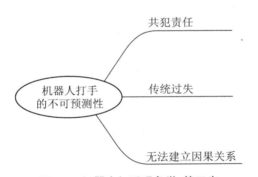

图 3.3 机器人打手现象学,第三步

通过类比动物导致损害的严格责任政策和人类为机器人承担的责任，传统法学理论承认一种新类型的人类为他人行为承担的责任。由于机器人被类比为像动物那样行动，结果是由机器人行为导致的损害很难被比作危险行为从而适用严格责任规则，例如缺陷产品或缺乏信息的责任。不仅如此，由于机器人是能够学习并且改变自己来适应环境的机器，它们是不可预测的。所以它们引起的新的法律问题将是关于人类如何对待机器，而非机器的设计和制造方式。比如下一个圣诞节我们打算购买的同一型号的人工智能载具：它们能够通过与周围环境中生物的相互作用来获得知识或技能,因此同样型号的人工智能司机在仅仅几天或几个星期之后就会有非常不同的行为。比如一辆无人驾驶汽车在交通事故中造成他人损害的情形下,我们很可能会获得一类全新的疑难案件:当原告声称的损害是由于他自己的过失导致的,我们该如何确定责任?不仅如此,当损害是由原告自己、人工智能体以及它的主人的过失共同造成的,我们应当如何分配责任? 严格责任规则和传统的保险政策是否是处理这种情形的合理方法? 在个人不被机器人的决策摧毁的诉求和机器人的相对方与它们互动时受保护的诉求之间,是否有可替代的方案能够实现公正的平衡?

73　　　总而言之,在刑法领域我们不大可能遇到一个能够理解未来与机器人相关的过失的比喻或者类比。责任将会根据所处理的不同类型的机器人应用(机器人打手、无人驾驶车辆、智慧型人工智能保姆和无人机等)而变化,这看起来是合理的。与传统法学理论相对立,看起来机器人将会需要一个它们自己的规范框架,因为与动物行为相比,这一领域会出现无法建立因果关系的问题。无可否认,随着机器受到内在状态价值改变的刺激,以及甚至在没有外部刺激的情况下改进规则,很难预计哪种损害会发生。因此我们要限定这一分析的焦点并且关注机器人可能引起或造成损害的方式:这个关于机器人行为的更为严格的视角进一步说明了机器人学领域的事实和现行法律。

五、 无法建立因果关系?

法律上因果关系问题一直是法学学者的噩梦。律师必须初步抓住通常极端复杂的事项或事件的某些状态来指出这种事务状态和个人行为(或疏忽)之间的联系,然后确定这些人是否应当被法庭判决承担责任。就像是第二章第二部分(二)中提到的,在有些情况下,当损害或损失与其他主体的行为有关,或者损害是由无生命的物体或程序引起的,例如建筑物倒塌引起火灾造成的损失，个人承担严格责任。然而即使是在这些案件中，无过错责任并不能弱化关于究竟发生了什么以及谁在什么时间做了什么的关键调查。尽管律师可能不赞成在事件链条中焦点是否应当放在实体因素或者充分理由上，但是给定的行动能力和发生的损害之间一定存在联系，例如建筑物倒塌引起火灾造成的损失是由建筑方的过失造成的："如果 A，则 B。"

我们来进一步解决事实和有效法律之间，也就是自然因果关系和规范性的区别问题。尽管法律的条款或条件不应当与自然事件的科学证据(即凯尔森的因果关系概念)相矛盾，但是科学的解释力在大多数时候并不足以厘清法律责任的问题。同样的事实在不同的法律体系中显然能够以不同方式利用，不仅如此，在不同的法律文化中发展出了界定因果关系的多重标准。举例来说，德国律师大多提及充分事件理论，而法国律师则遵循这些事件的严格责任理论。在美国，律师则分别支持"要是没有"(but-for)检验法和必须条件检验法，也就是说，双方的争论在于所涉及的行为在该环境中对于结果而言是必需的，或是该行为属于导致该结果的一系列充分条件中必需的一部分。通过检验事实和有效法律之间的区别，出现了双重困境：首先，律师不得不注意科学家可能争辩的，甚至引起纷争的关于如何解释引起给定事项状态的事件链条问题，例如全球暖化。律师随后在确定当事人责任时还将面临向法庭证明一个事件构成必需条件、充分动因或充分理由的困难。为了使事情变得更复杂，有人断言机器人技术和自动化人工智能体的进步正在影响律师考虑因果联系的方式。柯蒂斯·卡诺(Curtis Karnow)在《分布式人工智能的责任》(Liability for Distributed Artificial Intelligence, 1996)中说，人工智能主体破坏了经典的因果分析。

自古代罗马法以来，法律责任事实上取决于亚里士多德学派的观点，即我们应当考虑到现实生活中的 id quod plerumque accidit，也就是关注给定行为、事实、事件或原因在一般情况下极为可能发生的后果。通过像卡诺建议的那样思考"同时活跃的多种形态人工智能体的共同效果",能够对特定结果给出最佳解释的、对整个事件链条中的特定条件或一系列条件进行的关键评价,将会受到这些机器无法预测的行为和网络中心应用程序的复杂性的挑战。这反映在像"全球鹰"这样的无人飞行器和其他能够完全自主操控的机器的例子上。就像是在本章第三部分(二)中提到的,政权当局、军事指挥官和公职人员应当对这些机器的行为承担严格责任。然而我们还应当加上那些与全自动或半自动机械有互动的潜在被告的责任,例如无人飞行器的操作者、制造者、维护和安全承包商、合同当事人或者空中交通管制人员,来避免地面损害、空中碰撞、通信干扰、隐私、环境问题,对土地所有权人权利的侵犯以及侵权法中损害和非法入侵的主张。根据英国国防标准对自动飞行的定义,机器不断增长的"独立于无人飞行器飞行员实时控制输入"的能力严重影响了律师通过法律上因果关系和过错的概念来割断责任链条的能力。设想一下责任的关键参数,比如可预见的损害或理性人,在应用于卡诺的"处理空中交通管制的假设的智能程序环境"例子时发生改变,例如Alef(Karnow 1996)。

一方面,要确定像 Alef 这样的整套处理系统的运作将会造成哪种类型的损害似乎是有问题的。卡诺认为,"没有法官能够将损害的'法律的'因果关系从它们运作环境中无处不在的电子杂声中分离出来,或是将诱因与赋予它们多变形态和可变意识的数字世界区分开。结果就是造成混乱的因与果,就像是空气中的风和海中的潮水那样无法隔绝"(见前引文)。另一方面,传统的关于理性人的观点可能会逐渐弱化,原因是个人避免可预见损害的责任,受到了机器人行为更大的自主化以及人类不必为"机器智能的异常状态"导致的不可预见的损害承担责任的案件的挑战。事实上,"没有人做出明确造成损害的行为,因此没有人应当为此负责"(Karnow 1996)。即使在较为简单的半自动化飞行器如 MQ-1 掠夺者的案件中,要确定计算机程序员、软件工程师、维护和安全承包商以及空中交通管制员的责任通常会很棘手。

在特定法律系统中(例如美国),只要这些机器没有被视为能够打断原行动能力和事件链条中有害结果之间因果联系的适格法人，机器人就不会打破传统的因果关系链条。除此之外，许多法律系统至今通过严格责任政策和豁免条款来处理机器人领域的经典原因和影响分析的危机。我们已经在第二章第二部分(一)中讨论过作为人们面临法律责任的一种情况的豁免和避风港条款的条件。在国际层面，免责条件和条款由战争法、人道主义和人权法、外交等公约确立，就如本章第三部分中讨论的。在国家层面，只要执法人员的行为没有违反宪法规范或明确规定的法律权利，他们通常免于受到民事权利的主张。比如说，美国联邦侵权求偿法(US Federal Tort Claims Act)禁止涉及自由裁量法律强制功能和不同类型的故意侵权的法律诉讼(《美国法典》第28卷第2401条b款)，以及在严格责任理论前提下针对联邦政府提起的诉讼。

除了豁免条件，法律系统通过严格责任规则和无过错责任原则处理经典原因和影响分析。本章我们分析了机器人服从设计和制造它们的人类的犯意而犯罪(机器人打手现象学的第一步和第二步)，以及由这些机器人导致的不可预测的损害时承担共犯责任的案件(现象学第三步)。卡诺的关于无法建立法律上因果关系的评论仍然是有意义的，因为豁免条件和严格责任规则在应对更多的关于机器人行为法律责任时仍有不足。一方面，豁免政策应当被视为最后选择，而且在大多数法律系统中，并不适用于政府承包商(例如《美国法典》第28卷第2671条)。因此，当个人责任来自设计和制造机器人的过错或疏忽时，豁免条款并不适用。另一方面，严格责任规则通常与针对自愿犯错或不小心行为的个人附加责任紧密联系，即损害的可预见性或人类的理性起关键作用的案件。

结果是我们需要认真研究既非严格责任也并不排除豁免的第三种法律责任类型，这是因为这种法律责任的关键是个人过错和案件的环境。尽管这种过错可能是人类的一项自愿行动或是过失行为，但是决定个体责任的事件的合理可预测性很可能会把注意力吸引到公式"如果A，则B"的事实上去。也就是说，除了案件必要性、充分性或"如

76

无"特征的规范视角,法院和审判庭不得不在关于机器人如何通过它们的机载决策控制器、自动恢复功能和通讯装置等运行的可能性的基础上确定人类的责任。卡洛琳·福斯特(Caroline Foster)在《科学和预防原则》(Science and the Precautionary Principle, 2011)中说,显然"如果不能在科学问题上达成共识,法院或审判庭很可能难以在诸如一方当事人是否在当时采取了'必要'或'合理'行动之类的问题上作出判断"(见前引书,第 164 页)。

值得注意的是,联合国国际法院建议以"一个区分程序来确定事实"从而改善国际诉讼的效力(见前引书,第 159 页)。类似地,在 2005 年 5 月 24 日,比利时和荷兰之间的 Iron Rhine 铁路国际仲裁案建议双方当事人组成一个独立专家委员会来确定使 Iron Rhine 铁路恢复运行的花费:"确定达到所承诺的环境保护的级别需要花费多少金额,这种极为复杂的科学问题并不是法庭调查的任务。"(见前引书,第 163 页)尽管我们不一定接受法庭的理想的两步审判程序以及案件事实与有效法律之间的传统区别,仍然可以合理期待在类似机器人等这些有较强复杂性的案件中,法律焦点应当首先在于机器行为的科学意义上。这一要求不仅涉及刑法专家,更涉及人工智能和计算机、物理和控制论、神经科学和机械学、电子和生物,以及一系列人文学科例如心理学等方面的专家。

自古代罗马法时期以来,律师幸运地找到了一种方式来减少这种与犯罪原因有关的信息过载,这种方式就是确定作为个人责任基础的一系列技术问题。注意力应当集中于民法(与刑法形成对照)条款上,因为几个世纪以来,律师已经有了对私人之间确定双方责任范围的协议约定和条件的解释,例如该项目在技术上的谨慎。今天,这些合同义务与一套参数有关,这些参数包括机器应当如何工作、人工智能体的目的、它的通信与控制系统设置、它的自动修复功能,等等。既然合同双方的利益在于尽可能地限定他们的责任范围,关于什么是合理安全和可控的机器人的条款将是律师为机器人制造者和使用者起草合同时的基本内容。

正如理查德·波斯纳(Richard Posner)在《法律的经济分析》(Economic Analysis of Law)一书中指出的，我们可能要承认"新活动会比较危险，因为我们缺乏如何应对这些活动所带来危险的经验……事故控制的最好办法可能是削减这些活动的规模"(Posner 2007：180)。然而，这正是这些机器人的设计者和生产者(以及他们的律师)不削减的利益所在。

这种私主体的利己主义准确描述了刑法和民法共有的一些关键问题。同时，从事实的观点来看，要确定谁应当为机器人的行为承担责任会很棘手，我们必须反映出律师在合同领域如何理解因果关系和合理可预见性的概念。对当事人之间约定和条款的解释有助于我们进一步理解机器人行为的科学意义以及刑法领域的关键概念，例如证据和过失。在证据方面，机器人应用应当根据事件可能性、后果和成本来区分，以便确定或量化这些机器人行为的风险，这些通常决定了机器人的犯罪。不仅如此，这种风险观点和合同义务的可预测性进一步展示了针对机器人设计者、生产者和使用者的更多责任类型。如果每项通过机器人实施的犯罪都假定一方当事人是机器人的设计者和制造者，这通常是基于合同，但反之是不成立的。私主体之间关于条款和约定的大量民事问题并不涉及施加刑法上处罚的权利。相反地，这些问题与项目在技术上的谨慎以及决策控制器、通信装置或自动恢复功能如何运作的约定有关。通过加深我们对机器人行为的理解，对合同领域的分析强化了我们对挑战当今刑法的因果关系和可预见性的理解。尽管制造和使用特定的机器人应用可以被认为是极度危险的行为，我们已经在合同领域有了相当多的安全并且可控制的机器人。

78

注释

1. 《科学美国》(Scientific American)，2010 年 7 月，第 39 页。
2. 《无人机的飞行》(Flight of the Drones)，2011 年 10 月 28 日，第 32 页。
3. 见上文第二章第一部分。
4. 见《法学、信息和科学杂志》(Journal of Law, Information & Science)特刊

(21(2)),"无人法"(Laws Unmanned)部分菲利普·奥尔斯顿、蒂姆·麦科马克 & 梅雷迪思·海格(Tim McCormack & Meredith Hagger)、罗布·麦克劳福林(Rob McLaughlin)、玛丽·埃伦·奥康奈尔(Mary Ellen O'Connell)、诺埃尔·夏基、马库斯·瓦格纳(Markus Wagner)的论文和前面提到的阿明·克里希南的作品。

5.《警长预言机器人犯罪高潮》(Top Cop Predicts Robot Crimewave), http://www.futurecrimes.com/article/top-cop-predicts-robot-crimewave-2/on 31 May 2012。

第四章

合　同

我们用彩虹之眼审视天空,看到各种形状和大小的机器……太　79
阳机器降下来了,我们将举行一个派对。

大卫·鲍威,《自由节日的记忆》
(David Bowie：Memory of a Free Festival)

本章讨论的出发点是联合国欧洲经济委员会 2005 年世界机器人学报告, 主要关注"和平机器人"例如环境机器人、外科手术机器人和益智机器人。机器人设计、制造和使用的责任和法律义务在合同义务中是作为风险和可预测事项来建构的。除了人造医生和认知自动机(cognitive automata)比如商业软件智能体之外, 一些风险更大的应用, 例如零智能机器人和无人驾驶汽车, 代表了另外一类疑难案件。机器人通过自己的意向性行为为人类设立权利和义务的能力, 意味着要区别对待作为人类互动工具的机器人和作为法律系统中严格主体的机器人。然而作为合同领域新形式的代理人, 机器人逐渐发展的自主行为带来了一种危机。即个人可能由于这些机器的行为而导致破产。鉴于通过严格责任实现的传统的事故控制方法, 目的在于削减这些行为的规模, 针对机器人的新类型的保险和法律责任,例如机器人交易员的"数字特有产",阐明了解决合同问题的更有效方法。

80　　　最初的时候,它们是汽车。正像阿克·麦德塞特在联合国 2005 年世界机器人学报告的社评中强调的:"工业机器人于 1961 年在美国开始出现,在北美最早的应用测试是在汽车工业内进行。"(见前引文,ix)日本于 20 世纪 80 年代开始在汽车工业中大规模采用这种技术,并且通过降低成本和提高产品质量而获得了战略性竞争力。西方汽车制造商得到了教训并在几年后学习了日本的做法,在 20 世纪 90 年代为他们的工厂装配了机器人。在过去二十年中,机器人已经在工业和服务业领域推广:正如欧洲经济委员会和国际机器人学联合会的报告所展现的,我们已经有了"各种形状和大小的机器"。对此该报告给出了关于机器人投资收益能力、此项投资对商业周期的影响、价格和工资在不同国家的集中程度、世界范围不同类型机器人的运作储备以及 1998—2004 年世界机器人市场价值的分析。不可否认,在机器人这个极有活力的领域,这些数据很快就会过时。然而这份报告能让我们在确定合同条款和条件时对我们所面对的机器人应用的盛况有初步了解。

　　一方面,我们要面对的是一类被广泛应用于例如农业、捕猎、林业、渔业和矿业等不同领域的工业机器人。这些机器人被用于生产食品和饮料、纺织品和皮革制品、木材和焦炭、橡胶、塑料制品和金属母材。它们还被用于炼制石油制品和核燃料,生产家用电器和办公室设备、电力机械、电子阀、电子管和其他电子元件,以及半导体、收音机、电视机和通信设备、医疗精密仪器和机动车辆等。这些机器人的性能可以根据 ISO8373 的定义总结为"在工业自动化应用中自动控制的、可再编程的、可设计为三轴或多轴、固定或可移动的多功能机械手"(UN2005:21)。这些机器人的程控运动或辅助功能能够不经物理(结构)调整就可以改变,也就是说,除了要替换编程卡带或 ROM 等之外,不需要改变机械结构或控制系统。根据用于指定机器人以直线型或旋转型模式行动的轴线或方向,机器人的机械结构能够进一步区分为直角坐标型机器人、柱面坐标型机器人、水平关节型机器人、多关节型机器人和并联机器人等。

另一方面，我们也要讨论包括专业服务机器和家用以及个人使用的机器人在内的一类服务型机器人。前一类机器人可以用于专业清洁、系统检测、建设和拆除、物流、医疗、防卫、救援与安全应用、水下系统、通用可移动月台、实验室机器人和公共关系机器人等用途。后一类机器人中有用于家务的个人用途机器人，例如 iRobot's Roomba 扫地清洁机器人、用于娱乐的玩具机器人和爱好系统、残疾人辅助机器人、个人运输工具、家庭安全与监控，等等。同时还要提到更多服务型机器人，例如将在本章第三部分中讨论的新一代机器人交易员，这些区别在通过民法(与刑法形成对照)领域的风险、安全、可预测性、严格行动能力、委托等概念确定设计、制造和使用机器人的义务和法律责任时至关重要。我们可以根据图 4.1 来描述这一领域的复杂性：

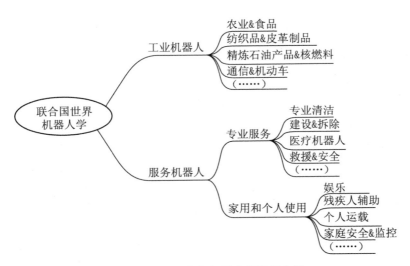

图 4.1 合同义务与机器人学的复杂性

图 4.1 中所有机器人拥有的共同点是基于设计、制造和使用的合同双方当事人之间自愿协议的个人权利和义务。本章的目的是区分这些与

82

机器人行为的风险和可预测程度有关的自愿协议,从而确定合同法中的基本概念,例如故障责任和违反特约条款,是否受到了影响。制造和使用机器人合同中的条款和条件将在本章第一部分中参考以下两种极端情况进行区分。一种情况是有很多具有合理的安全性和可操控性的机器人;另一种情况是我们发现了一些能够代表高风险活动的危险应用,就像是在 20 世纪 30 年代人们对传统航空所认知的那样。

本章第二部分的内容就是上文提及的第一种情况,正如手术室中的达芬奇外科机器人控制装置所展现的。这样的机器会带来一些工程问题,学者们对这些问题通常作为自己研究的一部分进行处理,就像他们过去对待其他的技术创新那样。以事件概率、后果和成本为基础,律师在如何界定由这些机器人引起的不可预测性和风险的问题方面存在基本共识,目的是为了确定设计、制造和使用这些合理安全的机器的个人责任。这类普通(与疑难案件形成对照)案件涉及证据和传统过失的概念,以及无过错责任的情况。

两种极端情况中的第二种,也就是更具风险性的机器人应用,例如商业领域的零智能机器人,将在第三部分中讨论,目的是进一步区分作为人类互动工具的机器人和作为民法中适格主体的机器人。尽管现行规则禁止在特定案件中接受机器人的法定行动能力,但是这些法定行动能力在人类委派机器人进行相关认知任务时是合乎情理的。这些机器能够发出报价、接受要约、请求报价、进行交易协商甚至履行合同,因此尽管有争议,但是这种不足以使机器人对其行为承担刑事责任的自主化程度,可能足以使机器人获得合同法中新的拟制行动能力形式。

相应地,第四部分探讨了机器人行为的新责任形式,以及通过保险模式或认证系统来分配风险的传统方式。其最终目的是避免造成人们在使用或制造"提供有益于人类福祉的服务"机器人之前再三考虑的立法(UN World Robotics 2005)。(特定类型的)机器人可能被判决对它们的行为直接承担责任的想法,在古代罗马法特有产(peculium)制度中就有先例。

在《查士丁尼学说汇纂》(Justinian's Digest)中，特有产机制允许缺乏作为私权基础的人格的奴隶担任地产管理人、银行业者或商人。与此类似，我建议为机器人提供某种资产，从而对这些机器所确立的权利和义务进行担保。将机器人和奴隶进行比较十分有吸引力，因为今天的目的与古罗马时期律师所追求的是一致的：个人不应当被他们所拥有的机器人的决策摧毁，并且任何机器人的合同相对方在与它们做交易时应当受到保护。

83

在讨论外科机器人和商业软件智能体的认知自动机(或机器人交易员)之后，第五部分将关注无人载具，或者更具体地说，无人陆上载具如人工智能汽车和驾驶员。这样做的原因有两方面：一方面，这些类型的机器人应用将允许我们在分配责任方面加深合同责任以及人类和机器人责任。另一方面，人工智能驾驶员意味着我们将越来越多地处理(或被迫面对)合同外责任的案件，例如机器人对第三方而非合同相对方造成损害。如果机器人在环形路口意外地伤害了他人，谁应当承担责任？

一、 契约、条款和风险

风险能以三种方式进行理解。第一，从进化的立场来看，我们可以将风险的概念与减少人类环境复杂性的每个自适应尝试联系起来。在《风险分析与社会》(Risk Analysis and Society, 2004)的导论中，蒂莫西·麦克丹尼尔斯和米切尔·J.斯摩尔(Timothy McDaniels & Mitchell J. Small)强调"自从人类进化开始，健康和福祉的风险带来了打开变革之路的适应性反应。当新石器时代的家庭群体分享与饥饿、干渴、气候或外部攻击斗争的知识和资源时，他们是在尝试管理他们所面临的风险……风险管理在过去一万年中是社会和治理结构发展的基本动力"(前引书)。

第二种理解方式强调，当前的现代风险社会的独有特征以及是什么将现代风险社会与传统(或现代化之前)的组织以及早期现代社会区别开。乌尔里希·贝克(Ulrich Beck)在其 1986 年的经典作品《风险社会》(Risikogesellschaft)中明确提出："我们都是现代性突破的见证人——既是主体也是对象,这使它摆脱了传统工业社会的轮廓,打造出一种新形态——(工业)风险社会……争论在于在传统工业社会中,财富生产'逻辑'支配风险生产'逻辑',在风险社会中这一关系则相反"。(1992 英语版:第 9 页、第 14 页)

对风险概念的第三种理解方式是方法论角度的:我们必须对安全因素、依据概率的风险评估和管理、工程风险、健康风险和信息风险等方面进行定量和定性评价,从而确定风险等级。根据弗兰克·奈特(Frank Knight)在《风险、不确定性和收益》(Risk, Uncertainty and Profit, 1921)中的评论,我们应当初步地理解"在日常用语和经济讨论中经常被随意使用的'风险'一词,实际上包含了两件事,至少在功能上说,这两件事与经济组织现象的因果关系是截然不同的"。这两件事分别是作为"易于计量的数量"或"可测量的不确定性"的风险,以及很难或者不可能量化、可称为适当的不确定性的风险。例如在处理结构工程的安全因素(如建筑物的安全结构)时,学者会区分对于概率性评价而言可修正的失败原因,比如原材料质量低劣和超出项目预期的负载,和不确定因素例如人为失误、潜在的不可知破坏机制或是破坏机制的不完美理论,即适当的不确定性。

尽管风险概念的以上三种理解方式是交织在一起的,但我们要将关注焦点限定在严格风险的情况以及学者处理适当不确定性挑战的方式。核工业提供了一个充分的说明,即在 20 世纪 50 年代和 60 年代,工程师们是如何设计核反应堆,从而将事故概率保持在尽可能低的水平,尽管他们没有任何方法来确定这个概率。事实上,现代概率性风险评价仅在 20 世纪 60 年代晚期和 70 年代早期得以发展,以 1975 年的《拉斯马森报告》(the 1975 Rasmussen report)告终。尼尔科·多恩(Neelke Doorn)和斯文·汉森(Sven Hansson)(2011:155)写道:"在这份报告中用到的方法在多方面改进后，在核工业和越来越多的其他工业中仍然被用于计算和有效减少事故概率。"简单地说，这种概率方法的目的是通过分析挑选出不希望发生的事件，从而准确找出可能导致不利事件发生的事故发生序列以及该序列中每个事件的发生概率。

从早期版本的概率性风险评估的角度来看，当今版本的方法有两项"改善"值得一提。第一，专家不再以确定一个严重事故的总体概率为目标，而是通过排列事故发生序列和事故发生概率来确定安全系统的薄弱环节。第二，概率并不被视为"可以在实践中观察到的出现频率的无偏预测"，而是"特定事件出现的可信度的最好表达方式"[1]。回到尼尔科·多恩和斯文·汉森的观点，这就是为什么在核工业领域概率风险评估的专家"在很大程度上放弃了最初的观点，即在核反应堆中事件发生序列的概率分析结果可以被理解为多种类型事故的合理精确概率。相反的，这些计算结果主要被用来比较不同的事件发生序列以及确定这些序列中的关键要素"(Doorn& Hansson 2011：157)。

这些限制强调了风险分析的关键局限性，特别是当我们在面对新的未经测试的技术并因此缺乏数据时。概率模型的实证基础必然地来自非常普遍的事件，从而能让学者们收集事件发生的数据，然而在风险分析中不寻常事件的概率可能才是相关度最高的。尽管发展出了更多的方法来为罕见事件概率赋值，例如极值分析、任意分布或自助法，这些方法在处理自动化机器的不可预测行为时可能仍然不足。比如说，"自助法的技术仍然需要足够长时间的数据记录和对所取数据样本不确定性影响的谨慎分析"(Doorn & Hansson 2011：158)。除此以外，还有学者认为对于新奇的和实验性的技术，可计量的风险很难对人类的反应进行赋值。这种情况下的焦点应当是定性的或以人为本的方法，而非取决于概率，以便于将新类型的人类的失败分离出来，从而划清不可控的不确定性范围的界限(Mosneron-Dupin et al. 1997)。

撇开其他的风险分析方法例如由艾萨克·艾力沙科夫(Issac Elishakoff)(2004)提出的"分项安全系数法"不谈，我们可能会疑惑机器人科技的进步会如何影响这一领域。正如在本章导语中提到的，关于设计、制造和使用机器人的合同义务和权利与机器人行为的风险等级和可预测性严格相关。在《人类乘用无人载具法》(The Law of Man over Vehicles Unmanned, 2008)中，布伦丹·戈加蒂(Brendan Gogarty)和梅雷迪思·海格(Meredith Hagger)认为"要在复杂的软件和硬件中确定过错很困难"(见前引文，第123页)，让我们考虑三种不同的场景。

第一，我们有达芬奇外科系统，根据它的制造商直觉外科公司(Intuitive Surgical)的网站介绍，"使外科医生能够完成精巧复杂的手术"例如前列腺切除手术，"通过几个微小的切口获得更大的视野、精确度、灵活性和操控性"。《达芬奇机器人系统机械故障率》(Mechanical Failure Rate of da Vinci Robot System)显示每350例手术中有9例(2.6%)会由于设备故障而无法完成(Borden et al. 2007)。类似地，《在机器人辅助的腹腔镜手术中与设备失效有关的病人伤害》(Device Failure Associated with Patient Injuries During Robot-assisted Laparoscopic Surgeries, 2008)中，安多尼安等作者(Andonian et al.)确认2000年至2007年发生于纽约一家泌尿外科研究所的故障中，仅4.8%的故障与病人伤害有关。当这些智能医生未能正常工作时，从法律角度来看会发生什么，将在本章第二部分中进行讨论。

第二种情景可以通过无人飞行器(例如美国空军的RQ-1掠夺者或美国陆军的RQ-2开拓者)的事故率来说明。根据美国空军的分类，我们可以区分出三类事故：

(a) A类事故包含造成100万美元财产损失、损失一架国防部飞机、或造成人员死亡或永久残疾；

(b) B类事故包含造成20万至100万美元财产损失、人员部分伤残或三人及以上人员住院；以及

(c) C类事故指造成2万至20万美元财产损失，或造成人员非致命性伤害导致误工。

到2005年，无人飞行器的风险级别已经远远高于传统飞行器。与

有人驾驶的飞行相比，美国空军 RQ-1 掠夺者每飞行小时的事故数量是前者的 32 倍，美国海军的 RQ-2 开拓者则高达 300 多倍，美国陆军的 RQ-5 搜寻者(Hunter)事故量则大约是传统有人驾驶飞行的 60 倍。据此，彼得·辛格在《为战争联网》(2009)中估计，即使有在和平时期条件下的技术进步、训练或更安全的操作，无人飞行器的安全性"需要改进一个到两个数量级来达到与有人飞行器安全性相当的水平"。

这些糟糕的数据当然也能说明民用无人飞行器的情况。美国国家运输安全委员会（"NTSB"）引人注目地调查了发生于 2006 年至 2008 年间的三起国内无人飞行器事故。杰弗里·拉普(Geoffrey Rapp)在他的作品《揭露无人机》(Unmanned Aerial Exposure, 2009)中谈到了其中一起事故：

> 2006 年 4 月，一架由美国海关和边境保护局使用的掠夺者无人机在亚利桑那沙漠中坠毁，原因是它的操作员关闭了引擎。这架掠夺者的两个地面控制基站的其中一个在它飞行时关闭，操作员转换到另一个基站但是忽略了"匹配控制台"，不小心切断了平台的燃料供应。该架无人机在飞行中失去动力，它开始"关闭电气设备来保存电力"(据 NTSB 报告)。
>
> 尽管没有造成地面人员受伤，"这起事故对无人机产业的名誉并没好处"(Stew Magnuson)。这架无人机在坠毁之前，从距离两栋房屋不足一百英尺的地方滑过；房主听到了坠毁声，以为是一颗炸弹爆炸。NTSB 将此次事故归因于对这一项目的监控不足、飞行员失误以及制造商没有提供充分的维护。
>
> ……值得庆幸的是，这样的事故至今还未造成人员伤害，但是随着无人机在国内的广泛使用，坠毁或空运物品掉落将不可避免地造成人员伤亡和财产损失(G.Rapp，见前引文，第 628—629 页)。

最后一种情景需要结合保险公司和风控公司的视角。这些公司对于合同来说是第三方，它们要么在他人对被保险人实施侵权时支付赔偿，

87

要么填补被保险人受到的损失，以上赔偿都会根据保费，也就是确定投保总额所应缴纳费用的因素来确定。考虑一下无人机的民事使用和这一技术的不同用途，例如商业或娱乐、贸易或工业援助是如何在政策中规定的。据杰弗里·拉普(2009)所说，一家商业化 UAV 影像公司 Moire Inc "投保 200 万美元责任保险，并在其政策下接受顾客请求成为附加被保险人"(见前引文，第 647 页)。不仅如此，当 UAV 用于科学目的时，保险费用"几乎是每飞行小时运作费用的 85%"，至于机身保险政策，花费"估计达到无人机重置费用的 2%，再加上地面基站重置费用的 0.5% 和每项无人机任务 3 万美元"(同上)。

这些保险费用的例子说明的是，我们需要在一定范围内理解机器人应用的盛况和它们对合同义务的条款和条件的影响。一方面，有许多具备合理安全性和可操控性的机器人，并且由于已确立的对事件概率、事件后果和成本的量化，这些机器人并不会构成对传统风险评估分析或保险公司风险控制的特别挑战。另一方面，日益增多的机器人不可预测行为带来了适当的不确定性的问题，而非在制造和使用这些机器人时可计量的风险。我们越是拓宽机器人项目的设置和目标，就越是需要处理更多的复杂事物，因此机器人行为的后果是风险以指数形式增加。尽管我们不必接受柯蒂斯·卡诺的观点，即前文第三章第五节中讨论的机器人的进步将终结于无法建立法律上的因果关系，但是很可能在合同领域，机器人不断提高的自主性将会影响到如可预见损害、个人疏忽和过错等基本概念。通过思考下节讨论的具备合理安全性和可操控性机器人的案件，我们将为落入今天的法律框架漏洞中的新一代机器人的分析设定背景，并将在本章第三部分详细讨论。

二、人 造 医 生

本部分将以达芬奇外科系统为例，讨论为什么大量的机器人应用不

88

会在这些机器行为的责任方面对今天的法律框架构成挑战。当然，这并不意味着机器人手术不会带来某些关键问题。比如说，在《人机互动长期影响预测》(Predicting the Long-Term Effects of Human-Robot Interaction, 2011)中，爱德华多·达特利(Edoardo Datteri)指出"造成伤害(偶尔致命)的事件是由于对正常运行的医疗机器人的疏忽使用"。尽管达芬奇外科系统可能会减少一半的住院量和三分之一的医疗费用，但是存在这样的风险，即"对该系统的培训不佳而导致过失：外科医生没有充足的时间和资源来学习如何恰当使用该机器人……而拥有大量机器人操作经验的外科医生声称至少需要 200 台手术才能熟练运用达芬奇系统"(见前引文)。在《美国医院网站上的机器人手术请求》(Robotic Surgery Claims on United States Hospital Websites, 2011)中，作者琳达·吉恩等人(Linda Jin et al.)认为使用这些机器人看起来更多的是为了吸引病患的营销工具而非改善服务的医疗体系。通过对 2010 年 6 月的 400 个随机挑选的美国医院网站的系统分析，吉恩等作者提到"有 41% 的医院网站描述了机器人手术。在这些网站中，有 37% 将机器人手术在首页展示，73% 使用了生产商的图片或文字介绍，33% 链接到了生产商网页。86% 的网站进行了临床优越性的陈述，其中 32% 描述为改善癌症控制，2% 则描述了对照组。没有一家医院网站提到风险。医院提供的手术机器人的资料过高估计了其优点，却在很大程度上忽略了风险，并且受到生产者的强烈影响"(见前引文，斜体字补充)。《洛杉矶时报》于 2011 年 10 月 17 日刊发一篇引人注目的文章，作者是安布尔·丹斯(Amber Dance)，该文总结了这些令人忧虑的事："机器人手术在增加，但是问题也相应增加。达芬奇系统如今在 2000 家医院中使用。但是医生亲力亲为的手术仍然有优势。"

　　然而从法律的角度来看，设计和制造这些机器人以及 2000 家医院对这些机器人的使用，看起来并不构成特别的挑战。正像将在下文本部分(二)中讨论的穆拉切克诉布林莫尔医院(Mracek v. Bryn Mawr Hospital)一案所显示出的，目前关于由电子设备故障导致损害的责任问题的法律框架能够妥善处理机器人故障所导致的损害。然而这些案件并不仅仅和私人之间的合同条款和条件相关；也就是说，在达芬奇外科系统的案件中，并不仅和这些机器人的设计者和制造者直觉外科公司，以及这些机器人的使用者如医院和医生(而非智能医生)有关。事实上，这些机器人的使用可能与第三人的权利以及法定义务有关，从而填补任何由错误行为导致的损害。因此，合同条款和条件如何设计第三人的权利和利益，以及反过来，对第三人的法律保护可能对合同权利和义务产生怎样的影响，这些内容将在本部分(一)中讨论。随后焦点将关注在第三人请求权，罗兰·C.穆拉切克(Roland C. Mracek)基于达芬奇系统的故障起诉达芬奇外科系统的制造商和它的其中一个使用人，费城的布林莫尔医院(Bryn Mawr Hospital)。这一问题将在本部分(二)中讨论。

（一）当事人、对方当事人和第三人

机器人应用程序的使用关系到合同双方当事人确定的条款和条件，以及第三人的权利和利益。除了保险公司作为第三人，承担被保险人的损害或者偿还被保险人对他人造成的损害的情况，还有 2006 年 4 月亚利桑那沙漠中房主发生的情况。这些房主听到一架掠夺者无人机在距房屋不足一百英尺的地方滑过并坠毁的声音，使他们以为听到炸弹爆炸。幸运的是该无人机没有造成人员受伤。

可能造成第三人损害的机器人设计者、制造者和使用者的义务可以被区分为两种类型。一些义务来自合同双方当事人之间的自愿协议，还有一些义务的施加则通常违背当事人的意愿。这种合同外责任包含故意不当行为、过失责任和严格责任的情况。普通法律师通过侵权法所总结的内容，可能会建立起合同当事人之间责任分配的形式，这一问题已在第二章第二部分中讨论。

我们现在通过分析一个达芬奇机器人完成的前列腺切除手术来看一下这些复杂概念如何在实践中发挥作用。比如穆拉切克诉布林莫尔医院案，我们需要对其进行四个层面的分析：

(a) 合同当事人，即直觉外科公司和布林莫尔医院，确定了这一台

达芬奇外科系统的使用(和维护)条件;

(b) 保险公司在自愿的基础上作为这份合同的第三人(尽管我们在下节中会讨论强制保险的情况);

(c) 合同的另一个第三人是自愿接受达芬奇系统手术的病人罗兰·穆拉切克以及他和布林莫尔医院之间的合同;以及

(d) 由穆拉切克这样的病人提起的侵权责任诉讼,声称由于(a 项中的)合同双方当事人即直觉外科公司和布林莫尔医院而遭受了不必要的伤害。

合同当事人在确定他们之间(a 项中)协议的条款和条件时,将为了填补(d 项中的)不公正损害而不得不注意法定义务。软件开发者的合同中通常会有很强的责任限制条款甚至是针对由他们的产品导致损害的免责条款。反之亦然,反映在根据《美国法典》第 28 卷第 2671 条的美国联邦承包商案件中,能够保护他们合同相对方的豁免条款并不能适用于他们自己,正如前文第三章第五部分中讨论的。在穆拉切克诉布林莫尔医院一案中,值得注意的是其中一个被告布林莫尔医院通过法院指令退出本案。只有机器人的设计和制造方直觉外科公司需要通过证明达芬奇机器人没有造成不公正损害来为自己辩护。为了理解(d 项中)第三人的请求权会如何影响到(a 项中的)合同条款和条件,我们要讨论在合同当事人之间分配三种类型的合同外责任的不同方式。

第一,责任可以归咎于侵权人的不法行为,因为侵权人意图造成损害。考虑一下一名医生通过使用达芬奇机器人系统主动对病人造成损害的情况。然而在刑法中,故意造成侵权的假设将我们带回到机器人打手现象学的第二步,即前文第三章第四部分(二)中讨论的,在民法(与刑法形成对照)领域,这种不法意图割裂了(d 项中的)合同外责任请求权和前述(a 项中的)合同义务之间的联系。机器人的制造者显然不会因机器人使用者的这种行为而被判承担责任。

第二种情况与前一种情况相反,是当侵权人的行为不应当受到谴责时适用的严格责任或无过错责任。即使不存在任何不法或有罪的行为,个人也会因为自己的危险行动或其他主体的行为而对所造成的损失承担责任。在严格产品责任情况下，遵循(d 项中的)合同外责任请求权能够推翻设计、制造和供应这些产品的(a 项中的)合同约定的规则。有时机器人的制造者，而非使用者，不得不指出没有证据证实机器人未能正常工作。

最后，责任可以建立在过失或未尽必要注意的基础上，例如一个理性人没能避免可预见的损害。前文第三章第五部分中提到，严格责任规则并不阻止个人疏忽行为带来的额外责任。不仅如此，一项过失主张可能在不存在严格责任规范中过失的情况下仍然成立。(d 项中的)合同外责任和(a 项中的)合同义务之间的联系因此取决于案件的环境，确定使用者或制造者是否存在过失也是如此。

通过这种一般框架，我们可以深入讨论机器人应用如何影响到民事(与刑事相对照)责任的条款。在这个语境中，我们可以撇开蓄意侵权行为和故意犯罪两种情况不谈：正如第三章第四部分(二)中的机器人打手现象学第二步所展现的，这些假设情况最终将成为普通案件。焦点反而应当放在严格责任规则和民法中的过失案件上，以及在这些案件中的证明责任如何分配。且不论将在第五章第二部分和第三部分中详细讨论的普通法系和大陆法系之间的区别，这一套复杂的概念和程序可以通过穆拉切克诉布林莫尔医院一案来说明。在本案中，病人/原告声称达芬奇机器人造成的损害引起严格产品和故障责任、过失和违反特约条款。原告最终输掉官司的原因在机器人法领域引出了一类新的普通案件。这种一般共识是基于存在很多具有合理安全性和可操控性机器人的事实。

（二）制造者、使用者和病人

2005 年 6 月 9 日，罗兰·穆拉切克在费城的布林莫尔医院通过手术切除部分前列腺时，有些事情出了错。根据原告所称，手术后出现的勃起功能障碍和腹股沟痛的责任应当由达芬奇外科系统的制造者(直觉外科公司)和使用者(布林莫尔医院)双方共同承担。首先，这台机器人由于自己的故障，有可能导致损害，因此机器人的制造者应当承担严格责任。根据《美国侵权法重述(第二次)》(the Restatement (second) of Tort in the US)的第 402A 条,严格责任"不仅适用于产品制造缺陷导致的损害,也适用于产品设计缺陷导致的损害"。在这种案件中,原告需要承担以下证明责任:产品存在缺陷、该缺陷在产品仍受制造商控制时就已存在,以及这一缺陷是原告所遭受损害的直接原因。《侵权法重述(第二次)》的第 402A 条规定的证明标准和证明责任也适用于主张违反特约条款的情形。

原告的第二项主张与严格故障责任的规定有关。即使原告无法提供产品缺陷状况或产品缺陷的确切性质的直接证据,法院仍然可以判定责任承担方。当然,原告可以通过故障发生的环境证据,或通过证据排除产品异常使用以及事故合理的次要原因来证明该项缺陷。

最后,民事(与刑事形成对照)上过失的责任来自产品应当符合一定标准的义务。此处原告需要证明被告违反了这一义务,并因此对原告造成伤害和实际损失。

有趣的是,穆拉切克没有提交任何专家报告来支持或证实他的主张。在地区法院的文件中,原告认为他所主张的机器人的缺陷"明显到一般的陪审员无需考虑就可以确定"。更具体地说:

> 穆拉切克主张一份专业报告并非必要,因为为他实施手术的外科医生麦金尼斯(Dr. McGinnis)将会在庭审中作证,作证内容不仅包括他的术前和术后身体状况,还包括达芬奇机器人的故障。穆拉切克坚持认为这台外科机器人的缺陷是显而易见的,因为它所有部件都在重复闪烁"错误"信息之后关闭了,并且随后在手术中无法重新启动。穆拉切克认为他没有必要为证明一项显而易见的缺陷而提交一份专家报告,因为提交事实记录时,这一缺陷并没有超出一名外行的理解范围(费城地区法院,Judge R.Kelly,案号 08-296, 2009 年 3 月 11 日,cit., 6)。

92

尽管"没有专家证词对于产品责任案件来说并非致命"，但是这一原则并不适用于像达芬奇机器人这样复杂的机器。总而言之，这就是穆拉切克输掉官司的原因。根据法庭意见，原告在没有专家报告的情况下无法支持自己的主张，因为他既未证明机器人的缺陷，也未证明在严格责任规则之下机器人的问题和原告遭受损害之间的因果联系。类似地，在严格产品责任的故障理论下，原告未能提供任何证据来排除合理次要原因，也未向陪审团提交任何关于过失要素的实质性争议。因此，2009年法庭接受了被告即席判决的动议，宣布原告穆拉切克败诉。根据《美国联邦民事程序规定》(US Federal Rule of Civil Procedure) 56(c)的规定，即席判决只有在"不存在任何实质性争议，并且动议方根据法律有资格获得判决"的情况下才能作出。

上诉法院于2010年确认了地区法院的判决，希里卡、巴里和史密斯三位法官(Justices Scirica, Barry and Smith)驳回了穆拉切克关于地区法院不恰当地在严格故障责任请求中作出即席判决的主张。[2]上诉法院认为预审法庭的判决"是恰当的，因为他(指穆拉切克)未能展示一项实质性争议。最重要的是，没有任何记录证据能让陪审员推断穆拉切克的勃起功能障碍和腹股沟痛是由该机器人所谓的故障导致的"(前引文，第5页)。由于原告无法依赖猜想和臆测，而是要提供"证据来让一个理性的事实发现者找到对他有利的东西"，上诉法庭确认了预审法庭的即席判决。四个月后，穆拉切克向最高法院提交了请愿文书，要求一份复审令(writ of certiorari)，这份文书于9月在会议中分发，几天之后，2010年10月4日，这项诉求被驳回。

在第三章第四节第二部分中讨论过故意犯罪的普通案件之后，穆拉切克诉布林莫尔医院案说明了另一类"判决中关于分类条款适用的一般共识"(Hart1994：123)。一方面，穆拉切克案由于缺乏证据而看起来简单。另一方面，作为一项实质性争议，在上诉法院的措辞中，我们可以设想本案的另一种结果，即原告能够证明机器人行为和他的勃起功能障碍之间的因果联系。然而法律的传统概念例如直接或合理的次要原因、过失或违反特约条款，仍然将发挥作用。这些案件中达芬奇系统的行为并没有影响律师对个人责任的理解，原因在于手术室的控制设置为机器的行为划出界限：它的机制和性能看起来并不比第三章第五节中提到的法律其他领域的科学专家进行的分析更复杂。在基于人类"不法"行为的犯罪和侵权之后，这类普通案件涉及严格故障而非严格产品责任的假设，代表了机器人应用范围的第一类，也就是机器人具有合理的安全性和可操控性。

94

　　然而要理解更为复杂的案件并不困难。让我们细想布林莫尔医院，想象一下人工智能机器人在医院工作，并为病人安排预约这一超现实的场景。智能机器人为达芬奇外科系统主刀的手术安排优先顺序，并负责维护警报系统，等等。这个机器人意味着我们是在跟一个适格主体，而不仅仅是人类互动的简单工具打交道。毕竟已经有了很多类似的智能机器人"未经人类操作员的检查或审核就直接将申请人登入福利项目中"，并以此来终止或更新医疗援助计划、食品救济券和其他福利体制(Chopra & White 2011：195)。不仅如此，通过放宽管理机器人(例如露天使用的机器人)行为的一套参数和条件，很可能导致使用这些机器的风险和不确定性的等级增加，这将严重影响法律的基本原则，尤其是在合同法领域。在《智能体技术：运算即互动》(Agent Technology： Computing as Interaction, 2005)中，迈克尔·拉克等作者(Michael Luck et al.)将注意力放在一些可能成为新的法律疑难案例上，例如"防御领域的模仿和训练应用；公用事业网络的网络管理；电信网络的用户界面和本地交互管理；后勤和供应链管理的进度计划和最优化；工业企业中的控制系统管理"，直到"引导公共政策领域决策者"的仿真建模(见前引书，第50页)。

　　机器人学在合同领域的法律挑战可以通过能进行谈判、接受投标、发出要约和确定权利义务的这些机器人来说明。与达芬奇系统的控制设置不同，交易智能机器人可能通过三种不同方式影响到基本概念和法律推理方式。首先，这些机器人能成功地用于执行复杂商业交易，尽管它们的行为有时表现出与人类投机者之间令人不安的类似贪欲。第二，这些机器人传统上是作为人类互动的工具，但是仍然有越来越多的学者认为这些机器人应当作为现在法律体系中的新角色。最后，严格责任规则目前适用于机器人，尽管如此，这些人工智能体仍然意味着在合同法和侵权法领域为他人行为承担责任和义务的新形式。因此，本部分中将分析的机器人类型与合理安全和可操控机器人相反。这一类机器人的风险和适当的不确定性问题对于新一代的机器人交易员来说十分关键。

三、 机器人交易员

95　　人工智能交易员方面的成果在过去几年中成为前沿。在交易机器人竞争（"TAC"）方面有所建树的作品，包括例如成在利等人(Seong Jae Lee et al.)所著的《RoxyBot-06：(SAA)2 TAC 旅行经纪人》(RoxyBot-06：(SAA) 2 TAC Travel Agent, 2007)，还有杰弗里·麦凯-梅森(Jeffrey Mackie-Mason)和迈克尔·威尔曼(Michael Wellman)的作品《自动化市场和贸易机器人》(Automated Markets and Trading Agents, 2006)、迈克尔·威尔曼(Michael Wellman)、埃米·格林沃尔德(Amy Greenwald)和彼得·斯通(Peter Stone)的《自主招标机器人》(Autonomous Bidding Agents, 2007)、乔瓦尼·萨尔托尔的《认知自动机和法律》(2009)，以及萨米尔·乔普拉和劳伦斯·怀特的《自动化人工智能体的法学理论》(2011)。然而大多数时候这些作品都关注于软件智能体上，而不是在现实世界中互动的机器人，而正是这些机器人引起了一些共有的问题。一方面，它们的行为和决策可能是无法预测和充满风险的，就像在过去十年中双向拍卖市场上的机器人实验所显示的。这时传统的法律观点仅仅将机器人当作人类互动的工具或方式，这意味着严格责任规则适用于作为这些机器的委托人的人类。另一方面，出于很多原因应当把这些机器人视为适格的(行动)主体而不是人类互动的工具：当这些机器被委派认知型任务，它们在确定人类之间权利义务的时候可以非常有效率。结果是今天的严格责任规则带来了一种威胁，即人们在使用这些能够"为人类福祉提供有益服务"的机器人时会存有疑虑(UN World Robotics 2005)。理查德·波斯纳总结了这一受欢迎的立场，并且主张事故控制的最好方法是缩减行动规模(Posner 1973：180)。

本部分将通过一个人工智能交易机器人的案例研究讨论机器人的法律挑战。随后在本部分(一)中，关注重点将放在双向拍卖市场的机器人实验上，以便说明这项科技应用的正反两面。市场上的第一次实验室双向拍卖，即买卖双方无论先后顺序，均提交买价与卖价，弗农·史密斯(Vernon Smith)的经典论文《竞争性市场行为的实验性研究》(An Experimental Study of Competitive Market Behaviour, 1962)对此进行了相关报告。三十多年后，机器人锦标赛在圣达菲学院(Santa Fe Institute)举行，并在 21 世纪初，一项在拍卖市场交易的机器人自动交易项目由宾夕法尼亚大学和雷曼兄弟资助。这个案例研究在第二部分中将更加深入：在传统法学观点看来，根据适用于作为委托人的机器人使用者的规则，个人要对使用这些机器人交易者的行为负责任，这也是本部分的讨论焦点。通过本部分(三)中展示目前的严格责任规则在处理机器人交易员的法律挑战时存在哪些不足，第四部分(四)将为法域中的新类型疑难案件提供更有成效的指引。

（一）人造的贪欲

在双向拍卖市场中所有机器人原型的基准线都是由零智能机器人提供的。这些机器人都很原始：它们不能察觉所处的环境，也无法控制自己行为的时机，零智能机器人甚至没有能力采取行动来弥补自己无法对环境进行回应的缺陷。正如罗斯·米勒(Ross Miller)在他的文章《别让你的机器人成长为交易者》(Don't Let Your Robots Grow Up to Be Traders, 2008)中指出，零智能机器人仅仅被设计用来"从均匀分布的主题中随机选择生成报价和要约，仅对它有不能'故意'损失钱财的限制"。然

96

而，尽管零智能机器人十分原始，但它们在双向拍卖实验中仍然实现了复杂的目标，表现超出了未经训练的人类交易者。不仅如此，零智能机器人在选购和预先计划的表现可以进一步改善，因此米勒说："能够在简单资产市场上交易的特殊目的机器人的设计……即使不优于人类，也和人类表现一样好，这一点很容易就能看出。"(见前引文)

有趣的是，自从1990年圣达菲学院机器人锦标赛以来，学者以复制人类双向口头拍卖的目的为ZI机器人编程，显示出完全由机器人构成的市场也会出现类似人类市场形成平均价格和数量的趋势，即经济学家所称的"竞争性均衡"。正如希亚姆·森德(Shyam Sunder)在《人造市场》(Markets as Artefacts, 2004)中明确指出的，电脑模拟已经演示了"配置效率(这是市场表现的关键特征)很大程度上独立于个人在经典条件下的行为变化"。在确定市场上交易货物的平均价格和数量时，零智能机器人能达到更高的配置效率，这种能力可以通过弗里德里希·哈耶克(Fridrich Hayek)的观点来理解，即在社会交往的特定领域例如协定和合同义务中，"智慧"从游戏规则而非个人选择中表现出来。然而在处理存在智慧主体(例如人类)的市场的微妙之处时，很多问题涌现出来。关于拍卖市场上机器人交易的研究，例如宾夕法尼亚大学和雷曼兄弟资助的自动化交易项目，在为机器人编程以对抗(聪明的)人类的有效投机时宣告失败。值得注意的是这个项目最终于2005年停止，那是雷曼兄弟瓦解前三年……

另外，及时地同步处理多个动作的复杂性远超出了零智能机器人的能力。这一情况降低了市场配置效率并导致了原始的暴涨暴跌的情景，即交易者的行动不会考虑对未来供应的影响。在现实生活泡沫中，机器人被环境复杂性压垮，因此表现出极端的缺乏经验。这一类比显示这些机器人采用的"随机投标"策略能够阐明现实生活泡沫是如何构成的。正如米勒(2008)强调的，"形成于20世纪90年代末的互联网和其他技术股票的泡沫一部分是由于市场参与者没有能力正确预期互联网公司的股票供给"。类似地，其他人认为"2009年末的一些金融问题的发生可能

97

是由于涉及了这些智能交易员不受人监管的操作，并且问题的发展迅速到人类的理解和介入已经无法挽回"(Chopra & White 2011：7)。

然而人类投机者的贪欲和零智能机器人对交易的追求之间的对比并不意味着这些人工智能体在某些市场操作中不如人类受欢迎，例如当速度的价值超过智慧时。而且一般来说，有很多的机器人应用和自动化人工智能体在个人报价、购买或预订时并不会带来这种程度的风险。只需要提一下今天我们与 eBay 招标智能机器人、iTunes 商店智能机器人、亚马逊网站机器人，以及一般的利用"收益管理技术"根据航班乘客人数来确定机票价格的航班预订系统的常规互动就够了。通过开发新的方式来"让一切照旧"，例如授权给人工智能体，使它以人类的名义与第三方交易，我们应当注意法律在监管这些交易时的目的。比如说，我们可能与美国法学会(American Law Institute)和统一州法委员会(Uniform State Laws)的委员持相同观点，即由电子代理人订立的合同应当被视为有效，尽管可能没有人类的行为和认知参与。这个方法仍然存有一个问题，就是人类是否受到机器人所有的决策的约束，以及哪一人类参与者应当受到这些决策的约束：机器人的设计者/实现者还是机器人的使用者、操作者或委托人？

（二）机器人和委托人

由机器人确定的权利和义务可以通过传统的法律观点来解读，这已经在智能医生那里讨论过了。严格责任规则事实上应当管制机器人的行为，对机器人行为所代表的人类形成约束，不论该行为是否是人类计划中的或所设想的。比如在美国，电子签名法(E-SIGN statute)和 1999 年用《统一电子信息交易法》(Uniform Computer Information Transactions Act，"UCITA")来完善《统一商法典》(the Uniform Commercial Code)的尝试都说明了这一进路。一方面，《美国法典》第 15 卷第 7001 条第 h 款规定一份合同"不能仅仅由于它的形成、创作或传递过程中有一个或多个电子代理人的参与而否定其法律效果、有效性和强制性，只要这些电子代理人的行为能够依法约束个人"。在此基础上，在《网页爬虫、网络爬

98

103

虫和机器人》(Spiders and Crawlers and Bots, 2002)中，杰弗里·罗森堡(Jeffrey Rosenberg)主张"机器人进入一个点击生效的协议，不论它是通过点击'我接受'按钮，还是以明示协议提出的机器人除外条款，都对设计和实现机器人的个人产生约束"。

另一方面，UCITA 的 107(d)部分明确"使用电子代理人来从事鉴定、执行或协议，包括表达同意的人，都受到这些电子代理人操作的约束，即使没有人知道或检查过该代理人的操作以及这些操作的后果"。类似地，联合国国际贸易法委员会(UNICITRAL)在《联合国国际合同文件电子通信公约》(UN Convention Electronic Communication in International Contracts Documents)建议稿附随文件中提到"代理法律制度一般原则(例如涉及作为代理人错误行为结果的责任限制原则)不能用于这一系统的操作。工作组重申之前的理解：作为一项基本原则，如果一台电脑被设定为代表某人，则该人(无论是自然人或是法人)应当为该机器所生成的一切消息承担责任……作为一项一般规则，工具的使用者要为使用工具而导致的后果负责，因为工具没有自己的意志"。

总结机器人工具论的观点，我们因此有：

(a) 机器人 R 以委托人 P 的名义行动，以便与交易对方 C 谈判并签订合同；

(b) 由 R 确定的权利和义务直接约束 P，因为 R 所有的行为都被视为 P 的行为；

(c) P 不能通过主张他并不打算达成该合同或 R 犯了决策错误来逃避责任；

(d) 在 R 行为不稳定的情况下，P 可以向 R 的设计者和制造者主张损失。但是根据证明责任机制，P 必须证明 R 存在缺陷并且在 R 仍受制造商控制时该缺陷就已存在；此外还需证明该缺陷是 P 所遭受损害的直接原因。

99　　　尽管传统观点在特定环境下可能适用，但是机器人工具论出于三个原因而存在缺陷。第一，似乎在大多数时候，人们会委派给全自动甚至是智能机器人复杂的认知任务，例如为决策而获取知识。后果是很难再接受将机器人视为人类互动的工具这一传统观点，以及由机器人确定的权利和义务会直接施加给(b 项中的)人，因为委托人想要达成智能机器人所订立的特定内容或约定的合同。倒不如说权利和义务被施加给人类是由于人类赋予了机器人以人类名义行动的权力。

第二，从(a 项中)P 委派 R 的事实，很难得出(b 项中)R 行为的法律效果必然归于 P 的结论。不可否认，在与机器人 R 谈判时，机器人的交易对方 C 应当有权善意地期待这个机器人所宣告的就是它的真实意思，例如一项合同要约，因此 P 不能通过声称他不打算达成(a 项中的)合同来逃避责任。然而当 C 发现由于机器人的不稳定行为而导致的错误，且明显与约定的关键要素有关，例如合同的商品市场价格或标的物内容时，人类应当无法避免机器人犯下决策性错误的通常后果，即合同无效。此时，根据通常适用于这种情形的现有商业公约和民法对机器人行为进行解读，并要求交易中涉及的人要受到这一解读的约束，这种期待似乎是合理的。

第三，当责任(和风险)必须在诸如机器人的操作者和作为委托人的使用者之间分配时，机器人工具论看起来就不符合要求了。鉴于传统进路终结于黑格尔式夜晚，所有责任看起来都是灰色的，机器人的操作者和使用者应当根据机器人犯下的不同错误和案件的环境承担责任。事实上，机器人的不稳定行为可能不仅与机器人的软件和硬件故障有关，或是上文提到的说明错误，例如关于合同标的物的错误。用乔普拉和怀特(2011：46)的话说，我们应当考虑"有自由支配权的代理人被错误地由一个委托人不反对的合同诱导至一个委托人反对的合同这种诱导错误"。除了涉及人工智能体制造者责任的进一步假设之外，我们还应当区分机器人操作者和使用者相同的案件和操作者允许使用者利用机器人来与第三人交易的案件。结果是带来九种可能的情况：这部分的法律变量在表 4.1 中说明。"是"和"否"代表着人类操作者、使用者或第三人是否应当为机器人的不稳定行为承担责任：

100

105

表 4.1　机器人工具论的缺陷

不稳定的机器人	说　明	诱　导	故　障
人类操作者	是	是	有时否
人类使用者	是	否	有时否
第三人	否	否	有时是

在《自动化人工智能体的法学理论》(2011)中，乔普拉和怀特通过进一步考虑单方要约理论，讨论了主观意向等复杂场景(见前引书，第45—50页)。这足以令人注意到表4.1中的三行内容。第一类案件是关于人类操作者对于由错误说明、错误诱导或机器故障导致的机器人的不稳定行为的责任。根据严格责任方法，操作者可能在任何环境下都要负责，但是与严格责任相比，值得争议的是操作者不应当为对于使用者和第三人来说都显而易见的机器故障错误负责。用《自动化人工智能体的法学理论》的话来说：

> 第一种交易的例子是当委托人是购物网站(比如亚马逊网)的操作者,代理人是网站界面和后台,第三人是在网站购物的使用者。合同在委托人和第三人之间成立……
>
> 如果委托人是人工智能体的操作者,那么说明错误和诱导错误对于第三人而言,与委托人/操作者相比,会太不明显,因此委托人/操作者能够以最小的成本回避损失。举例来说,如果由于说明或诱导错误,一本书在广告中非常便宜,第三人可能简单地将这个价格理解为"亏本促销"而不是一个错误……但是在故障的情况下可能由于其他标识使得这一错误价格对于第三人而言很明显……因此,通常在出现故障时能够以最小成本回避风险的是第三人。
>
> 如果将机器人仅仅当作工具,委托人就应当在任何情况下对三种类型中的全部错误承担责任。这种方法在第三人是最小成本风险回

避者的情况下缺乏效率,如机器故障错误的多个案例(Chopra &
White:46-47)。

反之,我们可以设想委托人是人工智能体的使用者而非操作者的情
况。毕竟这就是发生在 eBay 上的情况,即个人使用这个拍卖网站的代
理投标系统来与第三人达成合同:

> 在这种情况下,与操作者作为委托人的情况一样,说明错误的风
> 险应当归于委托人也就是机器人的使用者。然而诱导错误的风险应
> 当通常归于(能够控制机器人的设计和操作的)机器人的操作者。故
> 障风险则通常被公平地分配给第三人,原因已在操作者作为委托人
> 的情况中说明。
>
> 在"机器人只是工具"的解决方案中,使用者/委托人基本上对三
> 种类型的错误都要负责,这样是不正确地分配了诱导和故障错误的
> 风险(Chopra & White:48-49)。

表 4.1 中的最后一行是关于第三人对机器人三种不稳定行为的责
任。正如本部分中所明确的,传统的法律立场在处理这些应当知道由于
机器人的不稳定行为而导致错误的人们的责任时存在不足。除了这些无
过错责任规则的配置效率,严格责任政策有彻底阻止人们使用机器人的
风险。有没有一个可行的方式来走出机器人工具论的困境呢?

(三) 城里的新代理人

在合同法领域将(某些类型的)机器人理解为适格的代理人,也就是
在与第三人交易时赋予它们以人类名义行动的权力,这么做很合乎情
理。这个观点避免了机器人工具论的某些关键缺陷,因为机器人法定行
动能力使得人类为机器人分配了重要的认知任务这一点更为清晰。我们
可以通过考虑机器人的"意图",甚至向它们介绍现行的商业公约和民
法来恰当地确定人类要为机器人不稳定行为所承担的责任。就像在本章

101

第三部分(一)中强调的,我们应当严肃地对待这一观点,即在民法(与刑法形成对照)意义上,机器人存在意图,原因是智慧来自合同游戏的规则而非机器代理人的个人选择。乔瓦尼·萨尔托尔说:

> 这使机器人使用者和将合同订立交给人类代理人的人这两种情况十分相似……这两种情况的共同之处,也是使这两种情况区别于采用(机械或人工)传递方式的人的,是认知授权,即委托确定合同内容的决定和根据其他人(或其他物)的认知是否达成该合同的决定(Sartor:280-281)。

不可否认,目前法律体系的规则在某些案件中不能接受机器人主体论。不仅如此,普通法系和大陆法系在如何管理这种技术应用方面存在关键不同。比如说,在法国或意大利,要宣称机器可以在民法(与刑法相对照)领域成为适格的主体,法律人格是一项必要(然而非充分)条件。反之,在英美法中,"对于非人类的拟制行动主体担任代理人的可能性,基于该主体没有能力为自己签订合同"这一理由的反对意见并不存在(Chopra & White 2011:56)。类似地,在美国,尽管对代理人有"最低限度的身心能力"或"决断力"的要求,但是委托人不受超出代理人的实际代理或表见代理权限的合同约束。在大多数大陆法系(与英美法系形成对照)国家,代理人必须有健全心智,从而使故障错误的风险全部由第三人承担。然而除了这一项主要的分歧,我们还不能忽略一个关键点:机器人应当在民法领域被视为新的适格主体,因为这种法律选择能使我们在个人不被机器人的决策摧毁的要求和机器人相对方在交易时受到保护的要求之间取得平衡。法制史中有些简短的评论能在下一部分中为我们提供帮助:罗马律师两千多年前就处理了非人类的法定行动能力和为与这些非人类主体互动的相对方提供的担保。管理奴隶行为的规则为我们如何遵循罗马法的务实精神来处理今天的机器人问题提供了历史参考。这个对比所带来的道德上的问题将在第六章第一部分中分析。

四、 现代机器人，古代奴隶

把今天的机器人和古罗马时期的奴隶之间进行对比看起来是恰当的，因为奴隶被视为物品并且在贸易和商业中扮演重要的角色。在《人有人的用处》(1950)中，控制论之父诺伯特·维纳提出"自动化机器，不论我们认为它有或没有任何感觉，与奴隶劳动是完全对等的"。这种相似性在过去许多年中被屡次强调。在《智能人工制品的责任》(The Responsibility of Intelligent Artifacts, 1992)中，利昂·维恩(Leon Wein)认为自动化"正在将奴隶制度的概念带回台前……代替了奴隶的雇员正在被机械'奴隶'所代替，计算机系统的'雇佣者'可能再一次地要为他的财产所导致的损害负责，就如同要为奴隶所导致的损害承担责任一样"（见前引文，第 111 页）。

然而从法律的观点来看，我们不应当错过受到古罗马法承认的这些"物品"的行动能力形式。尽管大多数奴隶当然没有向他们的主人提出请求的权利，但他们当中的一些人享有相当大的自主性。奴隶中的精英，比如皇帝的奴隶，可以是不动产管理人、银行业者和商人，担任重要的工作比如公共服务，或签订有约束力的合同、为他们主人的家族产业管理和使用财产。以代理人(instator)的情况为例(Dig.XIV, 3, 11, 3; XV, 1, 47)，这些奴隶管理着不同种类的便利商店和酒馆，比如面包房和理发店，酿酒厂、热饮店或熟肉店，甚至是小型书店。为了改善与希腊的关系，尼禄皇帝被说服去参加公元 67 年举行的奥运会，在这期间，他把在罗马宣告任何人有罪或逮捕任何人的权利委托给了他被解放的奴隶赫利俄斯，这并不是一个玩笑。

机器人和奴隶之间的对比很有吸引力，因为古代罗马法关于奴隶的规则指出了一种解决上一部分中提到的机器人工具论存在矛盾的方法。当罗马律师发明行动能力的形式和无法律上人格的物品的自主性时，他

103

们的目的是在奴隶主的利益不受奴隶的负面影响的需要和奴隶的交易对方能够安全交易的主张之间取得平衡。今天的关于(一些特定类型的)机器人应当为自己的行为承担直接责任的观点因此在古代罗马法的特有产制度中存在先例。为了避免立法对机器人的所有者(而非设计者和生产者)施加过分负担而阻止使用机器人，我们的想法是，有时候只有"机器人应当负责"才是正确的答案。

（一）数字特有产

在刑事和民事律师如何处理机器人行为的新责任类型时存在关键不同。刑事律师的关注焦点大多数时候在于由这些机器人导致的损害或损失：换句话说，必须有事情出现差错，才能确定我们是否在处理故意犯罪、过失犯罪或是在前面章节以机器人打手现象学讨论过的其他的法律可观察的事物。反之，在民法中不必有事情出现差错：相反地，自从 19 世纪末以来，这些机器在双赢局面中签订合同和确定人们之间权利义务时是如此的富有成效，这已经点燃了法律的想象。尽管目前关于软件机器人形式的认知自动机的争论可以追溯到 19 世纪末德国学者关于自动化和法律的评论，但是在过去几十年中技术挑战的是法律领域中机器人仅仅是工具而非适格(行动)主体这一传统观点。有人认为我们应当对这些机器人进行登记注册，就像公司那样。这个想法在以下作品中都有提及：柯蒂斯·卡诺的《分布式人工智能的责任》(1996)、让-弗朗索瓦·勒鲁格 (Jean-François Lerouge) 的《电子代理人的使用》(The Use of Electronic Agents, 2000)和埃米莉·威岑伯克(Emily Weitzenboeck)的《电子代理人与合同订立》(Electronic Agents and the Formation of Contracts, 2001)。有些学者，比如安东尼·贝利亚(Anthony Bellia)在《与电子经纪人缔约》(Contracting with Electronic Agents, 2001)一文中，建议我们应当赋予机器人资产。其他学者比如乔瓦尼·萨尔托尔在《认知自动机和法律》(2009)一文中主张首先应当考虑使这些机器的财务状况透明化。有时更进一步的政策是可行甚至是绝对必要的，比如保险模式，这些提议的共同之处在古罗马特有产法律机制中是有先例的。根据《查士丁尼学说汇纂》，特有产是"由家主授予奴隶或家子(son-in-power)的金钱或财产。尽管为特定的目的被视为独立财产，并且允许奴隶经营的生意几乎被当作有限公司来对待，但是特有产在技术上来说仍然是家主的财产"(Watson 1988：XXXV-XXXVI)。

作为有限公司的原型，特有产的目的是在家主避免奴隶的生意和商业行为对自己造成破坏的需要和奴隶的交易对方安全交易的利益之间达到平衡。大多数时候，家主的责任限于他的奴隶的特有产价值，而后者在法律上的安全性保证了合同义务将会被履行。举例来说，奴隶的合同交易对方可以检查这一谈判是否超出了奴隶的权限或财政自主性，反之，用《查士丁尼学说汇纂》的话说，通过发布公共通知，"任何不想要与他达成合同的人都可以阻止合同缔结"(Dig.XIV, 3, 11, 3)。类似地，当"当事人想要在特定条件下、或通过特定人的介入、或要求在质押之下与他达成交易"时，这一机制可以适用(Dig.XIV, 3, 11, 5)。但是回到管理多种小商店的代理人的情况，发布公共通知意味着什么？

我们理解"发布公共通知"的意思是要用平实的语言，以及便于阅读的方式；也就是说，在商店前面或是经营生意的地方，不能是冷僻的地方，而是在显而易见的地方。公告要用希腊字母还是拉丁字母？我认为这取决于该地点的性质，因而任何人都不能托辞说忽略了这些语句……

关键是公告必须永久张贴；如果合同在通知张贴之前就已缔结，或通知被隐藏，代理人行为就是有效的。因此，如果货品的主人张贴了告示，但是有人移走了它，或由于时间、风雨等诸多因素，导致告示不存在或是字迹无法显示；作出委任的当事人必须要承担责任。然而如果代理人自己移除了告示，目的是欺骗我，他的恶意行为会损害到委任他的当事人，除非这个缔结合同的委任人也参与了欺诈(Dig.XIV, 3, 11, 3-4. Trans. by S.P.Scott, The Civil Law, IV, Cincinnati, 1932)。

　　法律确定性、财务和合同担保，或是透明性的问题，在今天的自动化机器人身上得到明显改善。然而在遵循古罗马律师的先例时，我们应当区别不同种类的机器人交易员，就像是罗马人区别不同类型的行为，把奴隶的地位区分为掌柜(dispensatores)和普通人(ordinarii)等那样，针对每种类型都有特定的法律诉讼：除了前文提到的就奴隶代主人所订合同对主人提起之诉(Institorian action)，还有因船长违约而对船东或租船者提起的诉讼(actio exercitoria)、附庸者之诉(tributaria)等。[3]因此我们需要区分机器人有权从事的贸易或商业行为、机器人是否以它主人的名义活动或者仅仅是其主人与第三人之间的传递媒介，同时清楚了解机器人的行为受到适用于案件环境的规则和公约的约束。想象一下(并非太未来主义的)机器人个人助理的情况，比如在欧洲(或美国)多个大学中使用的帮助我们制定会议、演讲和会面日程的 i-Jeeves。鉴于我们能够推测出同时接受来自牛津、巴塞罗那、海德堡、雅典和巴黎的邀请的最好方式，因而不需要机器人通过确定对每所大学仅访问一次的最短旅途来解决这个旅行专业问题。相反地，我们期待 i-Jeeves 能够根据一系列参数检查路线的可获得性和便利性，比如预算、时效性或平均天气条件：i-Jeeves 反馈它的发现以便于我们作出决策，甚至可以通过预定旅馆房间和航班等来确定我们旅行的步骤。这些合同不仅是有效的，而且多亏了数字特有产，在涉及的不同的人类利益之间实现了公正的平衡。通过使用机器人或人工智能体从事商业、交易或合同，人们可以主张自己的责任限于他们的机器人资产的价值(加上最终的强制保险)，而机器人的特有产将向它们的交易相对方，不论是人类或是其他机器人，保证义务将会被履行。

　　另一方面，我们可以通过赋予机器人以法律责任来进一步发展罗马法框架。正如第二章第三部分(二)中提到的出现在传统人造人身上的情况，法律体系可能会割裂与第三人交易的机器人的设计者、生产者、操作者和使用者的责任，从而在以它们自己的特有产为担保的基础上，仅由机器人为自己造成的损害负责。不可否认，这一解决方法有诸多优

势：对于机器人的合同交易相对方而言，这些机器的个人责任使得他们
的行为是否超出法定权力和谁应当为授予这些法定权力承担责任的问题
不再相干。从使用者和操作者的角度来说，机器人的个人责任使人类得
以回避本章第三部分(二)中讨论的可能出现的机器故障错误、诱导错误
和说明错误导致的责任。不仅如此，除了关系到保险政策的特有产和数
据的量化之外，机器人个人责任看起来在特定应用领域尤其受到推崇。
鉴于新一代的 AI 驾驶员和智能汽车都是如此，我们在本章的最后一部
分来分别讨论这一假设。

五、 无人载具革命

今天的机器人技术中发展最为快速的领域之一就是设计、制造和使
用无人载具("UV")。尽管这项科技目前在军事部门比民用部门更为突
出，但是诸如跨机构转移、不断增长的国际需求、公共研究开发支持和
越来越多的对强大的软件和硬件的使用等因素，解释了这一技术的民事
用途迅猛发展的原因。目前有许多对无人载具的应用，比如边境安全、
执法、紧急事务和安全风险管理、远程勘探作业和维修、城市交通和农
业耕作等。正如布伦丹·戈加蒂和梅雷迪思·海格在《人类乘用无人载
具法》(2008)中主张的，无人载具技术带来的相关成本的节约已经"让
很多商业经营者为之激动"(前引文，第 110 页)，因此对于律师来说，
对持续增长的新一代无人载具生产和使用的制度管制的评估非常重要。
尤其应当关注三种类型的无人载具。[4]

第一类是航空应用，也就是无人飞行器。我们在第三章第三部分中
就谈到过，目前有四十多个国家正在为军事目的发展这一技术。现在已
经有了无人机通过非致命交战形式逮捕嫌疑人的情况，以及专门为维持
治安、巡逻和检查设计的监控操作和无人机。就像彼得·辛格在《杀手
应用的世界》(A World of Killer Apps, 2011)中强调的，"佛罗里达州的迈

阿密、犹他州的奥格登(Ogden)等城市中的警察局，以特殊执照的方式来运行无人飞机监管系统"。然而这项技术发展如此迅猛，无人机已经是公共机构、私人公司甚至个人触手可及的了。美国和欧盟已经正式通过法规，允许无人飞行器与商业交通共享空域。除了执法领域，航空器和相关产品的定义包含在欧盟条例 EC216/08 的第三条中，这一定义比较宽泛，看起来能够将无人飞行器包含在内。类似地，在 2011 年春天，美国国会明确了"到 2015 年，美国民用空域应当向这种更加广泛使用的系统开放"(Singer, 2011)。无人载具技术的民事使用提出了关于诸如控制损失、链接问题、自动恢复和引航管制等安全性要求的人类责任和合同义务的问题，而非第三章第五部分中讨论的军事豁免和刑事责任问题。

无人载具技术的第二种类型是水面和水下应用，比如远程勘探作业和管线、油井设备等维修工作。在各种无人载具设备中，这是最发达的领域之一：戈加蒂和海格甚至将之称为"早在无人飞行器革命发生十几年前就已出现的"无人载具技术的黄金时期(前引文，第 104 页)。无人潜水器的发展和在民事部门越来越多的使用都迫使立法者修正现行海事法框架中的许多条款，比如 1972 年国际海事组织的《国际海上避碰规则公约》(IMO COLREGs)，尽管如此，无人潜水器看起来并没有影响到法律的基本原则。考虑到本章第一部分中提到的今天的机器人应用范围，事实上，与(某些类型的)无人飞行器的高度危险行动相比，无人潜水器要更接近于达芬奇外科系统这样具有合理安全性和可操控性的机器。尽管在加勒比海中，无人潜水器会通过防止损害、警告控制者或修复油井设备等方式自动完成任务，这些自动装置的合法性可以通过以往的技术革新所发展出的概念来理解，也就是根据事件的可能性和引发结果的成本。

无人载具的第三种类型代表着这一科技的一些最具有挑战性的应用，也就是民用(而非军用)无人驾驶汽车。无人载具汽车和人工智能驾驶员深化了由无人飞行器和无人潜水器的民事使用带来的法律问题，比如未来的无人驾驶汽车是否还需要驾驶执照或特殊执照等。设计者和制

108

造者必须应对的环境的复杂性增加了无人驾驶汽车在公路上自动驾驶的不确定性和不可预测性。在风险方面，这些无人载具更近似于无人飞行器而非探测深海海床的无人船舶。然而，与为执法目的而使用无人飞行器在空中巡逻形成对比，使用无人驾驶汽车的风险大多是关于合同义务和侵权法中与严格责任相关的问题，而非宪法保护与人权法。在这个基础上，无人驾驶汽车技术的支持者要求"对现有的民用交通安全管理体制进行一次重大审议和说明，甚至为无人载具创造出专门的管理体系"(Gogarty & Hagger 2008：121)。

下一部分将讨论针对这些机器行为的新形式的责任，比如数字特有产，是否适用于新一代的 AI 驾驶员和智能汽车。随后在本章最后一部分，即第五部分(二)中，将讨论无人驾驶汽车为何意味着律师将越来越多地处理合同外责任的案件(或感受到这类案件的压力)，比如说，机器人损害了第三人而非影响到机器人的合同交易相对方。这种场景提出了一种更进一步的责任，比如罗马法中的阿奎利亚保护。

（一）人工智能驾驶员和智能汽车共享

能够在高速公路上自动驾驶的智能汽车是科幻电影中很受欢迎的题材，然而在过去的 50 年里，一些国家、组织和私人公司将这一梦想变成现实。在 20 世纪 60 年代，造出完全自动化的无人驾驶汽车的想法曾经在美国、日本、德国和意大利等若干国家被认真研究过。二十年后，欧洲议会开始资助一项自动汽车的项目，即尤里卡-普罗米修斯项目(Eureka Promethus Project, 1987—1995)。20 世纪 90 年代晚期，美国国会授权美国国防高级研究计划局(DARPA)为无人驾驶汽车组织了一系列有奖竞赛，目的是发展军用无人驾驶汽车，并且到 2015 年实现三分之一的地面军事力量自动化。鉴于美国军方无人驾驶汽车已经大量存在，比如利爪(TALON)和美洲豹(Panther) M-60(Singer 2009)，民用领域无人驾驶汽车的进步给人留下深刻印象。

前面提到过 DARPA 的挑战大赛。第一次比赛于 2004 年 3 月 13 日在莫哈韦沙漠举行，但是没有一辆车能够完成挑战。仅仅一年半以后，五

109　　辆车成功地完成第二次竞赛。这是一场类似牛津和剑桥年度赛艇对决的竞赛的开始，2004 年的胜利者卡内基·梅隆大学的红队于 2005 年 10 月 8 日被斯坦福大学的竞赛团队打败。两年后，卡内基·梅隆大学在"城市赛"中获得复仇的机会。2007 年 11 月 3 日，第三次 DARPA 竞赛是一场 96 千米的城市地区竞赛，参赛者需要遵守一切交通规则并且在 6 小时内完成比赛。由于科技的迅速进步，这次挑战不仅要求完成曲折路线，还要求在最短的时间内完成。卡内基·梅隆大学与通用汽车公司共同组成 Tartan Racing 团队，超越了斯坦福-大众汽车，用时 4 小时 10 分 20 秒，以 22.53 千米每小时的速度，第一个越过了终点线。

　　三年后，即 2010 年，欧洲议会发起了"智能汽车计划"(Intelligent Car Initiative)。根据相应的网站提供的信息，这一计划的目的是"想象这样一个世界：汽车不会相撞，拥堵会彻底减少，你的汽车将会更节能、污染更少"。欧盟每年有大约 130 万起道路交通事故发生，41 000 人在车祸中丧生(在美国，2008 年死于车祸的人数是 37 000 余人)。另外，交通拥堵影响到欧盟 10% 的主要道路网，每年花费约 500 亿，这个数字是欧盟 GDP 的 0.5%。不仅如此，道路交通使用的能源超过了欧盟整体能源消耗的四分之一。因此，用欧洲议会的话说，"智能汽车计划是向新范式发展的一项尝试，这种范例意味着汽车不再相撞，交通拥堵也会彻底减少。作为推动欧洲数字化经济的 i2010 战略的一部分，智能汽车计划是对公民、工业企业和成员国寻求欧洲共同解决途径和改进基于信息和交流技术('ICT')的智能汽车的接受度等需求的回应"。

　　同时，在斯坦福人工智能实验室的主任，也就是前文提到的赢得 2005 年 DARPA 竞赛的机器人汽车 Stanley 的团队首席塞巴斯蒂安·特龙的监督指导下，谷歌开始发展并测试自己的无人驾驶汽车。到 2010 年，这些汽车已经在人类的一些介入下行驶了 23 万公里，完全独立行驶 1 600 公里。一年后，在谷歌的游说下，内华达州州长签署了一份法案，有史以来第一次授权自动汽车在公共道路上使用。内华达州议会(36-6)和参议院(20-1)核准了这份法案，该法案修订了管理公共交通的某些条款，并且确定内华达州机动车辆局"应当采取授权自动汽车在内华达州境内高速公路上行驶的规定"(AB511, 2011 年 6 月)。尽管这些与安全性和性能标准有关的规定可能要很长时间才能出台，但是目前重要的是关于"人类驾驶员能够纠正任何错误"的实验性汽车，正如约翰·马尔科夫(John Markoff)在《纽约时报》的报道中所引用的某些谷歌研究人员的话。

110

我们距离面对完全自动化的无人驾驶汽车在内华达州自主驾驶，并且就此散布在公共道路的各处仍然还有一小步的距离。然而，除了这些汽车的关键部分技术的迅速发展，比如自适应大灯、巡航控制系统、盲点监视器、驾驶员检查系统、交通信号识别和预碰撞方案等，看起来律师似乎应当准备好了应对新一类的疑难案件。事实上，当自动汽车出现事故时，谁应当承担责任?《人类乘用无人载具法》中间，当人类和机器人共同支配一辆汽车时，在交通法规中该如何确定过错？ 如果汽车显然是在电脑人工智能的完全控制下发生事故，是谁的过错? (Gogarty & Hagger 2008：120-121)。不仅如此，以上文强调的城市可持续发展和绿色政策的名义，在我们考虑人工智能汽车共享方案的同时，是否要发展新形式的责任分配?

正如前文本章第三部分(二)中提到的，传统的个人责任分配的方式不适合用来处理这种情景。我会强调三点：

第一，对于传统法律观点而言，很难将机器人的行为视为(行动)主体而非仅仅是人类互动的工具。但事实上，人类会将复杂的认知任务委派给这些自动化甚至是智能的汽车，比如在高速公路上自主驾驶，同时避开其他的汽车、避免个人不计后果的鲁莽行为等。

第二，从人类允许汽车自动驾驶的事实，并不能得出这辆车的任何决策的法律后果都必然由该人类承担的结论。一方面，我们又回到了在人工智能机器的设计者、制造者和使用者之间分配责任的情况，正是这种情况启发柯蒂斯·卡诺作出了第三章第五部分中讨论的法律上因果关系的失败这一预测。另一方面，环境友好的人工智能汽车共享的假设使这种设想变得更为复杂，原因是这些机器需要面对多个人类操作者。

最后，我们还要考虑到对第三人的保护。与机器人交易员例子中的代理形式相比，（自动驾驶的）第三人的范围扩大到超出了合同义务范畴，并且涉及了普通法律师所称的侵权的领域，也就是民法律师的术语中所称的合同外责任的形式。在机器人交易员的例子中，个人赋予机器人在与第三人交易时以人类名义行为的权力，以便于接受投标、发出要约、对比价格等。在人工智能驾驶员的例子中，个人赋予机器人在高速公路上自主驾驶的权力，从而在理论上说，每个人都可能会受到这些机器人的鲁莽行为影响。

一种新的责任形式，比如数字特有产，能够成功地处理新一代的无人驾驶汽车带来的法律挑战，这已经在本章第四部分(一)中讨论过了。毕竟，我们可以想象人工智能驾驶员接受要约或订立合同，以便于在街上自动接送客人。因此，站在机器人的合同交易相对方一边，人工智能驾驶员的个人责任保证了这些机器的损害赔偿责任能够履行。从使用者和操作者的角度来说，人工智能驾驶员的个人责任使人们得以逃避由机器不可预测的故障引发的可能的责任。同时，确定给予智能汽车的金钱的数额非常重要，像是谷歌的无人驾驶汽车或欧洲议会的 i2010 战略这样的项目似乎可以提供关于事件发生概率以及后果和成本等的足够数据，从而确定风险等级以及由此确定特有产数额和强制保险形式，而这些将决定这些机器人行为的责任形式。很多学者提出了这一建议，比如汤姆·艾伦(Tom Allen)和罗宾·威迪森(Robin Widdison)的《电脑能签订合同吗？》(Can Computers Make Contracts?, 1996)、伊恩·科尔(Ian Kerr)的《确保智能体中介电子商务的合同成立的成功》(Ensuring the Success of Contract Formation in Agent-Mediated Electronic Commerce, 2001)、伍德罗·巴菲尔德(Woodrow Barfield)的《软件智能体的法律问题》(Issues of Law for Software Agents, 2005)和弗兰西斯科·安德雷德等人(Francisco Andrade et al.)的《合同代理人：法律人格和表现》(Contracting Agents: Legal Personality and Repre-sentation, 2007)，直至前文提到的乔瓦尼·萨尔托尔(2009)和乔普拉与怀特(2011)的作品。

　　然而，新形式的机器人的个人责任是否代表了能解决这些机器人带来的新的法律问题的万能答案？ 这种方法对作为(行动)主体的机器人和作为工具的机器人是否平等适用？ 机器人的法律责任是否足以应对侵权领域各种类型的请求权？

　　(二) 不公正的损害

　　在本章中我们已经讨论过三种不同类型的机器人。首先，在第一部分中我们讨论了作为人类工业和互动手段的机器人，这包括了机器人应用的两种极端形式；也就是具备合理安全和操控性的机器，比如达芬奇外科系统，以及通过今天的无人飞行器作出的高度危险的行动。作为人类工业的手段，这些机器并不挑战法律的基本原则，原因是现有的合同法和侵权法能够妥善处理这些机器人造成的损害或伤害。比如严格产品和故障责任、违反特约条款、过失或证据，也就是在前文第二部分(二)中的穆拉切克诉布林莫尔医院一案中通过举证责任机制检验过的一系列概念。正如理查德·波斯纳在《法律的经济分析》(1973)一书中明确的："新行为看起来会比较危险，因为在如何应对它们所带来的危险方面缺乏经验……新行为的事实意味着它们有很好的替代品。"(见前引书，2007 年版：第 180 页)

　　第二类机器人应用是将机器人作为法定(行动)主体。某些机器人交易员的例子已经显示出机器有能力自行决定合同的条款和条件，而非仅与合同条款和条件相关的简单对象。目前的民法(与刑法形成对照)无法解决这些机器的认知状态以及确定和分配这些机器造成损害的赔偿责任的方式。割裂与这些机器互动的设计者、制造者、操作者、使用者和第三人的责任链条的一些方式在前文第二部分(二)和表 4.1 中进行了讨论，依据的是三种不同类型的不稳定行为：机器人的说明错误、诱导错误和机器人故障错误。当传统法律立场终结于黑格尔式的夜晚，此时所有类型的责任都陷入同样的灰色，我们需要确定该如何削减行为的规模。在民法领域机器人作为严格主体的新的责任形式，比如数字特有

112

产，显示了如何避免这一威胁，以便"应对它们带来的任何危险"(Posner 2007)。通过授权给机器人，使它们能够在与第三人交易时以人类的名义活动，新形式的特有产在机器人交易对方与这些机器安全交流与交易的需求和个人不被机器人的行为和决策摧毁的需求之间实现了良好的平衡。尽管对于第一类机器人，即作为手段的机器人，认为它们具有法律上的人格以及签订合同的能力是没有意义的，但是将这种能力赋予新一代的机器人交易员则非常有意义。

最后，还有一类在社会生活中起到媒介作用的机器人，它们并不是人类交易和谈判的代理人。正如人工智能驾驶员的例子所展示的，这些机器人可以做交易，并且在大多数时候也与第三人打交道，也就是并不直接受到该机器人的交易中确定的权利义务约束的人。在联合国 2005 年世界机器人学报告中说，这种类型的机器人涉及"家用或个人使用的服务型机器人，用于家务、娱乐、残疾辅助、个人交通、家庭安全和监控"。人工智能驾驶员在高速公路上导致车祸的场景就是涉及这种作为人类互动媒介的机器人。考虑一下新一代的机器人玩具(娱乐)，或者机器人保姆(家务和残疾辅助)的情况。比如一个类似杰森家的机器人萝西[5]的保姆负责看护你的老母亲，对你母亲的一些熟人造成伤害，谁应当负责?

这一场景超出了特有产的合同机制，涉及罗马法官所称的阿奎利亚保护;也就是说，这种形式的责任源自个人应当为他们的错误导致的他人遭受不法或意外损失而承担责任的一般观念:这就是第二章第二部分中讨论过的"不损及他人"(Alterum non laedere)。尽管数字特有产能够覆盖某些案件中的合同外责任，比如道路交通事故，但是在社会交往中的多对多而非合同中的一对一场景中，有更多的责任形式能够保护人们免遭不公正损害。比如第三章第四部分(三)中提到的通过类比危险动物而适用于机器人领域的严格责任规则。类似地，还有人工智能体过失操控的责任甚至是个人的人工智能雇员自主行为的替代责任的情况。这里重要的是我们处理的机器人的不同应用，因为这些机器人是家庭服务机器人，比如人工智能儿童、动物或 i-Jeeves，承担不同类型的责任，确定由谁承担举证责任的方式也不同。这些是在机器人法领域中我们需要更多类型的专业知识的情况。在讨论犯罪和合同的章节之后，我们会在普通法律师所称的侵权领域进行深入讨论。

注释

1. 见结构安全联合委员会(the Joint Committee on Structural Safety)提出的"概率模型代码"(probabilistic model code)的定义(JCSS 2011:60)。

2. 穆拉切克的上诉并不是关于他之前的严格产品责任、过失和违反特约条款的主张。在《无人载具和美国产品责任法》(Unmanned Vehicles and US Product Liability Law, 2012)中，史蒂芬·S.吴(Stephen S. Wu)讨论了更多的"由于原告未能提供证据反对即席判决，被告有权要求即席判决，显示这一系统的缺陷"的案件。在这些案件中，见 Jones v. W+M Automation, 818N.Y.S.2d396(App. Div. 2006)，上诉驳回，862N.E.2d790(N.Y.2007)；和 Payne v. AAB Flexible Automation, 96-2248, 1997WL311586(8ᵗʰ Cir.Jun.9, 1997)。

3. 要获得更完整的列表，见斯塔尔曼和特洛菲莫瓦(Štaerman and Trofimova)，1975:82。

4. 第三章第五部分中提到过，我们应当把无人载具理解为复杂的多智能体系统的一部分，这些自动化和半自动化机器与维护和安全承包商、交通管制员或互联网控制者的互动，目的是避免交流干扰、环境影响和冲突等类似的东西。这些机器将会越来越多地连接到在线的网络存储库，这使得机器人能够分享现实世界中物体认知、导航和完成任务所需要的信息，一些学者将这种类型的机器人称为智能无人系统、无人飞行器或无人直升机等。然而本部分的目的是强调 UAV、UUV 和 UGV 将会以不同方式影响到目前的法律框架，而非关注这些以网络为中心的应用的系统性特征。

5. 译者注：the Jetsons' Rosey 出自美国 ABC 电视台 1962 年播放的动画片《杰森一家》(The Jetsons)，剧中有一个名叫萝西的机器人女佣。参见维基百科：The Jetsons, https://en.wikipedia.org/wiki/The_Jetsons, 2018 年 5 月 19 日访问。

第五章

侵 权

当我们等待全部工作准备就绪,确定一切都就绪再开始,

那么我们永远也不会开始。

伊凡·屠格涅夫,《父与子》(Ivan Turgenev, Fathers and Sons)

我们关注的焦点是合同外责任的问题, 即, 当机器人损害的是第三方而不是他们的合同相对方的情形。普通律师定义的侵权行为是指, 政府因不法行为对私人主体造成损害之后进行的补偿义务。在这里, 机器人日益增长的自主性可能引发的新的一类疑难案件,这种自主性可能涉及我们应该如何解释对他人行为的一种新的责任。有史以来第一次, 法律体系将要求人类来承担, 人造卫星系统自主决定做什么而产生的法律责任。此外, 这种责任取决于我们正在处理的不同类型的机器人:机器人保姆、机器人玩具、机器人司机、机器人员工等。这种责任的承担是机器人法律领域中最具创新性的方面之一,犹如传统形式的对别人的行为负责, 如儿童、宠物, 或员工,因此必须补充新的严格责任政策, 或者, 通过保险模型、认证体系和举证责任分配机制来减轻这种责任。

还有一系列案件涉及刑事责任和合同责任之外的个人责任。这些案

件是由于个人过错造成的损害。这类由普通律师定义为侵权的合同外责任，在上文中第四章第二部分(二)涉及的穆拉切克诉布林莫尔医院案例中受到了威胁。原告的索赔事实上围绕着严格的产品及故障责任所引起的损害，声称机器人的设计者和生产者应当对由于产品缺陷、制造或设计缺陷而对第三方造成的损害负责。这种责任形式的不同可以通过举证责任的机制来理解。例如，在美国，原告必须证明产品是在制造商最大能力控制下而产生的缺陷，并且这种缺陷依据严格产品责任而造成了伤害。反之亦然，处理严格的故障责任，并不需要直接证明产品缺陷的情况或产品缺陷的确切性质。相反，原告必须通过事故发生的间接证据来证明该缺陷的存在，或通过证据排除任何由于非正常使用该产品或其他合理的次要原因造成该事故。这一系列复杂的概念和方法决定了由谁来承担举证责任，因而出现了产品的极其详细的、有时甚至是奇怪的标签，制造商在产品上发出警告，以说明对人工制品(如机器人)的不当使用会存在风险或危险。虽然严格责任的实施有时是因为产品没有提供充分的警告，或缺乏有关产品某些特征的详细信息，但我们可以据此推测这种侵权责任的基本原理。根据波斯纳的《法律经济分析》：

> 严格的产品责任的经济原理是消费者可以以合理的成本做很少的事情，以防止一种罕见的产品失效。将事故成本强加给制造商将导致产品价格上涨，造成消费者会转向其他替代产品即危险性小的产品。制造和销售不安全产品所构成的活动将减少，并伴随着产品事故数量的增加而消失。严格责任有效地将产品危害信息转化为产品的价格，使消费者没有意识到危险品，也没有意识到需要取代危险产品。(Posner 2002：§6.6)

根据严格责任规则，本书前几章也考虑了两种类型的过失责任。一方面，机器人打手的现象学的第三个(也是最后一个)步骤，是根据上文第三章第四部分(三)所讨论的人工智能体的疏忽控制来处理机器人行为

116

的责任案例。在这个背景下，这个例子是一个机器人在我别墅的花园聚会上攻击我的一些朋友：在这里，这个例子可以适用于侵权法的领域，想象一个朋友所拥有的机器人在这个聚会上将我妻子的 16 世纪的代夫特陶瓷花瓶打碎。另一方面，在穆拉切克诉布林莫尔医院案件中，原告的索赔不仅涉及由严格的产品和故障责任引起的损害，而且涉及对符合一定行为标准的机器人的设计者和生产者的过失责任。事实上，原告声称他的对手违反了这一义务，从而对原告造成了伤害和实际损失。在这个案例中，个人责任是基于缺乏应有的注意义务，即理性人预防可预见伤害的义务。正如在前文第三章第四部分(三)和第四章第三部分(二)已经讨论过的情况一样，当机器人是符合 ISO 8373 标准的工业机器人时，基于过失责任的传统案例将随之发生。然而，如果机器人是用于家用或个人使用的服务机器人，那么如下三个原因导致律师有可能需要解决越来越多的疑难案例。

第一，设想原告承担证明责任是基于产品责任过失，以及机器人的看护人在机器人从自身与环境和人类的互动中获得技能的能力而产生的过失。这些机器的适应性、交互性和自主性越强，用户就越难以证明机器人的制造商不符合一定的行为标准，或者供应商没有预防可预见的伤害。

第二，因使用这种机器人而产生的基于过失的责任最有可能被加入到现行侵权法领域的严格责任保障中。这并不是新的情形，在大多数法律制度中，它传统上适用于个人对其动物、雇员和他们自己的孩子的行为的责任。然而，法律体系如何处理使用这些家用机器人的基于过失的责任，目前还不清楚。他们是否应该被比作动物、儿童或雇员行为的严格责任规则？ 这种情况是否会挑战当今严格责任规则的经济原理？

第三，根据某些学者的说法，我们应该准备好应对新一代的故意侵权行为，比如对不法行为的赔偿责任，例如，服务机器人"旨在"伤害他人。[1]在这里，我们不需要赞成机器人可能具有类似人类的意图的想法，以承认新一代的案件，这些案件涉及对他人的行为负责，这取决于个人如何对待自己的机器人，或者如何照顾他们自己的机器人。

与刑法、合同法等领域相比，我们没有明确的侵权法规范，如刑法中的罪刑法定原则、合同当事人的自主权和民法中的协议，从而对大多数新的侵权责任案件进行界定。诚然，个人和家庭使用的服务机器人的生产和使用仍处于起步阶段，但在未来几年内，不需要占卜能力也可以预期其使用量会急剧增加。因此，我承认"密涅瓦的猫头鹰只有在夜幕降临的时候才能飞翔"，而且，在黑格尔的《法哲学原理》中，我们还需要探索一系列法律推理的原理、概念和方法，他们可能会受到以后的服务机器人、家用人工智能机器等影响。

其次，本章第一部分的重点是研究这种机器人因使用，甚至是设计和制造所产生的合同外责任，即"故意"侵权的案例。虽然这一场景与机器人打手的现象学密切相关，但特别注意到理查德·波斯纳的论文"意图的概念只是权宜之计"。尽管出于不同的原因，本部分的目的在于说明为什么"意图"的概念与机器人解放阵线在机器人侵权领域是不重要的。

本章第二部分讨论了第二种类型的侵权责任，即缺乏应尽注意的情况。为了理解在过失情况下责任是如何确定的，关注的焦点是举证责任如何发挥作用。比如说，在一些法律体系中，如果父母能够证明他们无法阻止孩子的行为，就能逃避责任。类似地，如果动物的所有权人能够证明发生了意外事件，也无需承担责任。是否应该将(某些类型的)机器人视为某种人工智能未成年人或是智能宠物，就新一代个人或家用机器人而言，主要的法律问题通常在于我们如何训练、对待或管理我们的机器，而非谁拥有、制造或销售它们。

最后一种类型的侵权责任在本章第三部分中进行了较为详尽的论述，即雇主对雇员的行为负责时，法律所强加给雇主的责任，这种责任不考虑人的意图或是否尽到普通的注意义务。作为一种分配风险和责任的形式，大多数法律制度确立雇主对雇员在其工作合同活动中的行为所造成的任何损害负有严格责任。这种替代责任的形式说明了机器人法律中的当前状态，根据对员工行为责任案件的现行严格责任规则，确定由家庭和个人机器人造成损害时的责任承担。本部分的目的是探讨如何减轻这一严格责任制度，以促进(和保护人类反对)将服务机器人应用于个人和家庭。

最后，本章第四部分考察了关于侵权政策的相关问题，关于预防原则的辩论，以及如何以预防的名义，使举证责任从那些怀疑有风险的人，转移到那些低估了风险的人身上。通过确定谁需要证明什么，根据我们处理个人机器人或家用机器的类型来确定这种方法，为本书的最后一章"法律作为元技术"奠定了基础。

一、不良意图

合同外责任，通常是违背了被认为是受到伤害一方的意愿，可以区分为三种类型：故意侵权、基于过失的责任和严格责任(Gordley 2006)。与刑法中以合法的原则、条款和侵权责任的规定相抵触的是"开放"，即法院可以通过与以前的案件相比较来确定某些行为的不合法。虽然技术创新迫使立法者通过在新的犯罪(环境中)增加规定来干预，但是法院可以通过与侵权法判例的类比推理的原则，来定义机器人侵权责任的问题，尽管这种案件是新颖的。这当然不是说，法律权利和侵权责任的问题应该通过行使简单的自由裁量权来解决。相反，法律类比的问题表明，我们应该确定机器人技术的发展是否会影响法学家传统上处理侵权行为的方式。机器人打手在刑法中的冒险经历之后，我们是否应该勾画一个机器人侵权的现象学？ 侵权行为类型如何应对侵权行为人的自愿过错？

值得注意的是，有几位学者强烈抨击了"意图"这一概念，例如，在怀疑论的法理学(1988)中，理查德·波斯纳认为"意图"这一概念除了代表侵权行为的某些特征之外，没有其他作用，特别是对受害者的行为成本(巨大)和避免采取行动的受害者的成本(小的甚至负的)之间的巨大差异……这是对无知的承认，如果经济学能够帮助我们驱除无知，那么它可以帮助我们放弃[意图]的概念。(见前引文，第 868 页)此外，根据波斯纳的说法，我们应该放弃刑法中意图的概念。在怀疑主义法学的措辞中，当法律变得更加成熟时，精神实体在法律中的作用，例如"意图"，应该会减少，因为"随着法律的成熟，责任——甚至刑事责任——变得越来越'外在'，也就是说，更多的是出于意图的行为"。(同上)

确实有些情况下，与个人的意图是不相关的。例如，在第三章第三部分(二)研究正义原因时，我强调，军事指挥官和政治当局应该对战斗中机器人士兵的所有决定负有严格责任。此外，机器人定律还提出了进一步的案例，我们应该遵循波斯纳的观点，并摒弃意图在决定侵权责任时所发挥的作用。从理论上讲，有三种情况：

(a) 故意侵权行为，即人的目的是通过无辜的机器人进行，但机器偏离了计划并犯了其他的罪；

(b) 故意侵权，即人与一个邪恶的机器人勾结犯罪；和

(c) 故意侵权，即一个机器人犯下的故意侵权行为，机器人的人类主人是无辜的。

假设(a)将我们带回到上文第三章第四部分(二)所讨论的刑法中另一个责任模式。反之亦然，假设(b)和(c)属于道德上邪恶的机器人的科幻场景，在那里机器的行为而非人类的意图是相关的。假设(b)是刑法中的共犯责任模式的未来主义的范例，如第三章第四部分(三)所述。相反，根据今天的水平，假设(c)的责任必然取决于人类的疏忽。

然而，大多数法律制度和学者都不赞成波斯纳所有的观点。事实上，正如在第三章的介绍中所强调的那样，"故意的立场"代表了描写和预见负责试题行为的唯一的连贯策略，例如人类和某些类型的机器人，它们可以以目的论的方式行为。此外，要掌握关于侵权责任，甚至刑事责任的一系列问题，这是一个非常棘手的问题，因为这是一个大与小成本的问题，例如，与机器人的刑事责任和人类的犯罪责任重叠的侵

120

权责任案件。再次,平等和正义的原则表明,不同的案件应以不同的方式处理,如刑法中所发生的,法官和陪审团如何处理杀人案件,诸如残忍的谋杀或令人发指的暗杀等案件,以量化惩罚。这并不是说这种"不良"的意图在机器人的法律中是特别具有挑战性的。在刑法中,使用机器人作为工具进行不法行为的人负有严格责任,也就是说,即使机器人偏离了计划并实施了其他的犯罪行为,他们也应该向社会承担他们的刑事责任。在合同法中,机器人应用程序使用者的不当行为会切断合同外责任要求与先合同义务之间的联系。在侵权法中,传统的法律观点认为机器人要么是危险的动物,要么它们的使用会造成极端危险,而严格的责任规则适用于所有的情况。因此,我们可以抛开依赖于人的恶意意图的侵权责任假设,从而集中关注合理预见、替代责任和注意义务的含义。从这一立场出发,我们可以掌握新一代的疑难案件将涉及对机器人使用的严格责任规则和过失责任形式。虽然严格责任规则在处理犯罪意图[2]和合同法[3]方面可能不够,但律师如何处理因个人或家庭使用的机器人造成的损害而产生的损害赔偿责任(如机器人玩具或机器人保姆)也不清楚。在所有这些情况下,人类—机器人交互(HRI)的工作似乎特别相关:通过关注与人类的不同类型的接触、机器人的功能和角色,以及社会技能的要求,例如,机器人显示人类风格社会方面的能力。HRI 方法可以帮助我们了解人机交互的关键特征,这些特征在确认机器人行为的侵权责任时应予考虑。

接下来的重点是关于"看守模式"的人类—机器人交互工作,也就是说,人类是机器人的看护人。在克斯廷·多滕汉(Kerstin Dautenhahn)的《社交智能机器人》(2007)中,主张人们应该关注人类的角色,即"识别并回应机器人的情感和社会需求"。人类需要保持机器人的"快乐",这意味着要像对待婴儿或幼小动物的行为表现来对待机器人的行为特征。鉴于这种在机器人技术上的流行类比,其目的是研究这种平行的原理在机器人的法律中是如何运作的,尤其是在侵权法领域。

二、 儿童、宠物及疏忽

近年来，机器人互动性、适应性及自主性的不断拓展启发人们将其应用于儿童及动物幼崽。在《有罪机器人，快乐狗》(2008年)中，戴维·麦克法兰提出：我们正与性质完全不同的想法共事，这迫使我们"探索未知"，因为我们要教会机器人分辨对错，正如教儿童与宠物一样。在《道德机器》(Moral Machines, 2009年)中，温德尔·瓦拉赫(Wendell Wallach)与科林·艾伦强调了相似的观点，即"建立一个能分辨对错的机制"，以便平衡机器人与人工智能体的行为目标及风险，将机器人限制在个体可接受的限制范围内。在法律术语中，该责任首先关注的是设计者和生产商，而非该机器的用户。在第三章第四部分(一)中，关于现象学的第一步，我们对该职责的犯罪特征进行了调查，意即：蓄意机器人打手。之后，对一系列机器人应用进行了介绍，以确定机器人应用的设计及工程对合同义务条款与条件的影响。关于弗朗西丝·格罗津斯基(Frances Grodzinsky)、基思·米勒(Keith Miller)和马蒂·沃尔夫(Marty Wolf)(2008)作为机器人设计者和制造商所表现出的新型"强大道德责任"，下文第六章第四部分将作进一步研究。尽管如此，机器人软件及硬件的编程仍是必不可少，但在侵权法领域，对这些机器的行为建立责任承担机制的条件还不够。

值得注意的是，源自日本的年度 IEEE RO-MAN 系列自 1992 年起就一直关注自然及人造系统中的社交行为、沟通及智能。由于机器人不是一种简单的"开箱即用"式机器，其行为在很大程度上取决于个体对其进行训练、对待或管理的方式。2009 年，我在爱丁堡 AISB 会议上对 NAO 机器人进行检查时，在教导机器人使用其 57 厘米高的人形机身(更不用说其机载 NAOqi 软件系统)以便实现移动、走路、跳舞以及与人类或其他机器人进行互动，阿尔德巴兰(Aldebaran)团队给我留下了深刻印

122

象。2010 年，在莱斯特的德蒙福特大学举办的 AISB 大会上，我甚至还欣赏到了 NAO 在弹奏自己的小提琴方面的改进！ 依据当前人机交互研究的观点，让我们区分一下以人为中心的人类—机器人交互方法和以机器人为中心的人类—机器人交互方法。第一种情况的理念是，让机器人保持在人们可以理性接受的限度内：用社会智能机器人的话来说，就是"以人为中心的人类—机器人交互主要关心的是，机器人是如何以人类可接受的方式以及让人类感觉舒服的方式来完成其任务规范的"(Dautenhahn, 2007：684)。反之亦然，就以机器人为中心的人类—机器人交互方法而言，其重点在于"机器人是一种生物，即一个基于其动机、驱动力和情感来追求其目标的自主实体"(见前引文，第 683 页)。

在对以下观点的理解中，后一种观点似乎特别有用，即：在侵权领域，尤其是在基于疏忽责任的情况下，应如何掌握用户的法律责任，而非机器人设计者及制造商的法律责任。虽然机器人的"社交需求"是由设计者定义的，并以机器的内部控制架构为模型，但用户可通过满足需求使机器人"在环境中生存"。在《社交机器人的设计》(2002)中，辛西娅·布雷齐尔(Cynthia Breazeal)在 Kismet(一个具有面部特征的机器人头部)的开创性工作中展示出，这种以机器人为中心的方法是起作用的。通过将机器视为：基于其动机来追求其目标的自主实体，人类确实必须通过挑选并响应机器人的内部需求来满足其社会动力：

> 机器人被视为"幼小的婴儿"或"小狗机器人"，具有符合"Kind-chenschema"(婴儿模式)的特定的、夸张的儿童特征。Kindchenschema 是多特征的综合，具有婴幼儿及动物幼崽的特征，它吸引人(和其他多种哺乳动物)的培育本能并触发相应的行为。Kindchenschema 的概念可追溯到民族学家洛伦兹,他声称:当面对一个孩子时,某些与"照顾年轻人"有关的社会行为模式是通过对婴儿特有的线索产生天生的反应而释放出来的。(Kerstin Dautenhahn, Socially Intelligent Robots, cit., 698, quoting Breazeal's research and Karl Lorenz's 1971 work on Part and Parcel in Animal and Human Societies)

　　机器人不遵循以机器人为中心的人类—机器人交互方法，因此，人类必须将这些机器人视为真正的宠物或婴幼儿。例如，在《学前儿童生活中的机器人宠物》(2006)中，彼得·卡恩(Peter Kahn)等对儿童与索尼机器狗 AIBO 的互动进行了调查，以确定这种互动是否会模糊基本的本体论类别，并影响儿童的社会和道德发展。虽然这种人造宠物可能诱发保护欲，甚至引发相互双重期待，但卡恩等人已证实：孩子们并不认为 AIBO 像一只真正的狗，并且，不要将其归因于任何道德。

　　然而，想象更复杂的情况并不困难，因为与机器人的社交互动可能会涉及情绪、身体和生理活动，甚至会对成年人造成损失。人类是否能像他们与其他人类一样，通过与机器人的相互作用获得相同的回报和满足，这是一个悬而未决的问题，且主要取决于我们所处的文化背景和应用类型，如：情感机器人、性爱机器人、照护机器人、医疗机器人及 AI 司机等。有些人怀疑"创造与(例如)老年人或有特殊需求的人结合在一起的机器人，在道德上是否具备合理性"(Dautenhahn, 2007：699)。其他人如彼得·苏林斯(Peter Sullins)在《机械伦理学开放式问题》(2011：236)中的介绍，则挑衅性地肯定：至少在情感机器人领域，"我们可能会开始喜欢机器公司"。此外，在《与机器人的爱与性》(2007)中，大卫·利维(David Levy)认为，这种机器很快就会在我们的社会中普及，因为这种技术可以实现许多个人的梦想和愿望。除道德方面的争论外，法律体系应如何对(某些这样的)机器人的广泛使用进行管理？　特别是，新一代国内机器人造成的损害是否是由于人类主人的疏忽？

　　通过考虑当前人机交互研究的参数，这种疏忽很可能会更多地关注个体对待其机器人的方式，而非制造商如何设计机器人来完成其任务规范。一旦"拆开包装"，相同型号的机器人只会在几天或几周后出现完全不同的表现，这取决于人类扮演其看管人角色的方式，结果是，个人的责任在某种程度上取决于他们满足了其机器人的社会动力，检测并响应了机器人的内部需求。在此基础上，我们可以在侵权法中对其他人的行为的传统责任(例如动物和儿童)与机器人行为的疏忽责任这一新情景之间进行有效的类比。新一代机器人在家庭和个人使用方面的利害关系

124

即是：理性自然人必须保护他人免受可预见的伤害，而非把机器人作为人类交互手段的传统责任。接下来，本章第二部分(一)的重点是美国侵权领域的过失责任制度。本章第二部分(二)对超额合同义务领域的民事(与共同对照)法律方法，即意大利民法典进行了比较。后一种观点引入了对自动机器人造成的损害的严格责任规则的分析，如本章第三部分所述。

（一）美国父母

在《自动化人工智能体的法学理论》中，乔普拉和怀特为负责照顾其他主体的个人区分了五种基于疏忽的责任。由于"比较和类比是具有挑衅性的，且有助于说明人工智能体的多样性和能力提升及其被赋予的扩大化的责任范围是如何导致如下比较的，即：在不同法律领域，机器人和其他行为人的比较"(见前引书，第 135 页)，因此，乔普拉和怀特建议使用委托人和代理人、主人和仆人、父母和子女、监狱长和囚犯以及管理人和动物之间的传统关系。在此种情况下，我们可以搁置机器人与代理人、仆人和囚犯的相似之处，以便关注机器人、儿童和宠物之间的平行关系。通过滤除图 5.1 中的"法律变量"，这种更严格的观点足以让我们理解个人对(某些类型)机器人行为的基于疏忽的责任：

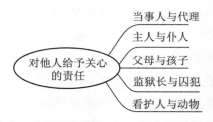

当事人与代理

主人与仆人

对他人给予关心的责任　父母与孩子

监狱长与囚犯

看护人与动物

图 5.1　侵权法中对于疏忽的普通法途径

首先，以乔普拉和怀特(2011)的话来说，"因此可能存在与人工智能体有关的类比，因为父母有责任对未成年子女给予适度监护，以防止他们伤害他人，或防止那些会对他们身体造成不良伤害的不合理风险"(见前引书，第 133 页)。与大多数大陆法系相反，美国父母的这种责任取决于未成年人的可怕个性以及父母对事实的知识和观点的证据。在

《父母责任》(1989：28)的措辞中，兰德尔·汉森(Randall Hanson)提出，对于儿童造成的损害，存在过失赔偿责任，其中"可以证明未成年人存在造成特定类型伤害或损害的倾向，且父母也意识到了这种危险倾向。如果父母经常发现危险活动，他们必须采取措施纠正孩子的行为，否则父母可能会因疏忽索赔而承担责任。"

另一方面，对于由个人的自有动物造成的伤害的赔偿责任，我们应该区分：已知的或被认为会对人类造成危险的动物与家庭宠物之间的区别。第三章第四部分(三)对第一个假设进行了阐述：危险动物的所有者或饲养者应对其造成的任何损害承担严格责任，且不管该动物的所有者和饲养者是否有任何非法或有罪行为。反之亦然，当温和宠物涉嫌对第三方造成伤害或损害时，美国侵权法确立了类似的父母照顾未成年人的责任。以乔普拉和怀特的话来说，"家禽看管人对于以下情况承担过失责任，即：由其家禽在其疏忽的情况下造成的伤害，动物错误地出现在其制造损害的地方，并且伤害是由已知的恶性倾向造成的"(见前引书，第134页)。然而，若"看管人已然知道或有理由知道其动物具备类似动物所不具备的危险倾向"(见前引书，第130页)，则该看守人(或主人)须对每个由该问题宠物造成的伤害承担责任。

然而，在可预见的未来，机器人的拥有者或使用者都将难以辨别以下情况，即：其机器人是否具有其他相似型号机器人所不具有的典型危险倾向或特征。此外，自动化和机器人行为的自动性和不可预测性的日益增加使得这些机器的使用者或所有者难逃责任，来声称机器人造成的任何伤害、损害或损失是合理的、无法预见的。此外，这种机器通过与人类看守人互动获得知识和技能的能力表明：这种错误很少会落到机器人设计者、制造者或供应者身上。当然，根据严格赔偿责任的基本原理，可以说：机器人的所有者或用户最熟悉机器人的运行状态，以防止其危险行为，而不管其行为是类似机器人的典型行为，还是可合理预见行为等。鉴于个人在购买和使用机器人进行家庭服务和个人乐趣之前会对风险进行再三考虑，我们当然也会推出保险政策以避免该风险。此外，从

126

长远来看，即：经过两代或三代以上人工智能儿童或智能人造宠物与其人类看护人的互动后，我们可推测，人类照顾这类机器的责任将不会被视为与当前控制动物和儿童的危险倾向的责任类似。然而问题是，机器人玩具和机器人保姆的用户和所有者是否需要等待这么长时间，以便最终被认为是当今侵权法的合理人选。此外，类比当今美国父母的责任，是否是解决未来服务机器人和家庭机器人行为的疏忽责任案件的唯一方法?

（二）意大利父母

到目前为止，我们已经根据英美关于波斯纳故意犯错、过失责任和严格赔偿责任的"权宜之计"的划分，对侵权领域进行了研究。诚然，这不是专注于公民法律学者所称的超额合同责任的唯一方式。例如，《意大利民法典》第 2043 条采用了罗马法传统的原则，即不得伤害他人，根据该宗旨，个人应对由于个人过错而对其他人造成的伤害承担责任，如上述第二章第二部分和第四章第五部分(二)所述。在此基础上，《意大利民法典》确定了两个个人可以逃避这种责任的案例，即"自卫"(第 2044 条)和"必要状态"(第 2045 条)。因此，法典根据标的明确规定了个人的责任，即：其他主体行为的责任和危险活动的责任等。为简洁起见，对该侵权责任制度进行总结如图 5.2 所示：

127

图 5.2　对民事侵权法的民法处理办法

这里要注意《意大利民法典》第 2048 条和第 2052 条，即对个人的儿童或动物造成危害的赔偿责任。在这两种情况下，与美国的侵权责任制度相反，意大利父母对其子女和动物造成的每一项伤害或损害均构成严格责任，即无论父母是否知道其子女倾向于引起特定类型伤害，动物是危险的野兽还是家养的宠物，等等。除了涉及法律因果问题的硬性案件外，原告需要证明的是，主体的行为(意大利父母根据《民法典》第2048 条和第 2052 条承担责任)之间存在"法律上的充分条件"，以及原告遭受的实际损失或损害，像您十四岁的孩子打碎了我妻子的一个 16 世纪的代夫特花瓶，您的宠物咬了我的孩子等，以及喜剧(commedia dell'arte)的所有可能的法律变种。

但是，《意大利民法典》还通过举证责任倒置同时限制了这种无过错责任。一方面，当父母表明他们无法阻止其孩子的行为时，他们可以逃避责任。另一方面，动物的所有者或饲养者必须证明发生了偶然的干预事件。无可否认，问题往往出现在细节中，而不仅仅是在法庭上提供这些证据的问题。例如，为了处理对我孩子行为的责任，我应该证明，当地黑手党(的机器人打手)绑架了我，因此我无法阻止我的孩子昨晚意外地烧毁了你的房子。更为困难的是一件偶然事件的证明，例如：闪电击中了我别墅花园中狗的链条，将其释放，从而使动物可在周围行走还咬了我的邻居。尽管如此，与美国关于使用人工智能儿童和宠物的严格责任索赔模式相比，意大利减轻此类严格责任规则的方式具有其优点。我提出了三个动机。

首先，为了切断责任链，我们必须注意与被告相关的情况和事件，而不是机器人的不可预知的行为。正如乔普拉和怀特(Chopra & White, 2011：135)所强调的那样，"在一个人工智能体不符合法定人格的世界里，无论是否被视为法定主体，人工智能体的行为都不能'打破因果关系链'，并且不能成为自身受伤的直接原因"。通过将机器人的所有者和用户置于证明偶然事件或一系列情况打破法律因果关系的负担中，我们可以因此避免美国侵权法模式的一些缺点。事实上，多年以后，机器人的所有者和使用者都将无法准确理解特定机器何时会显示出不具有该机器人模型特征的危险倾向或特征，因此被告几乎无法证明他们不能合理预见任何损害第三方的风险。反之亦然，遵循意大利模式，越来越多的情况下，机器人的所有者和使用者均可逃避责任，尽管缺乏可预见的

128

135

伤害或机器人行为的不可预测性。这里的重点在于事件的不可抗拒性或是一系列的情况，导致个人无法防止机器人伤害他人。这种情况可以比喻为一些法律制度为这套危险活动建立责任的方式：当有证据表明他们采取了所有"适当措施"以防止损害时，个人则不承担责任。

其次，通过关注可能打破法律因果关系链的事件或情况，应该注意进一步的案件责任。这个假设更接近于逃避意大利儿童行为责任的父母，而不是动物造成损害的责任。与意大利对疏忽责任案件的处理方式类比，则可表明：原告必须证明机器人的行为与原告遭受的实际损失或损害之间存在法律上的充分条件。在此基础上，根据《意大利民法典》第2048条的规定，被告应证明他们无法防止机器人的有害行为，因为原告的疏忽行为或故意行为妨碍了他们这样做。这种侵权责任政策的理由一再被强调。在《代理制度和合同成立》(2004年)中，埃里克·拉斯穆森(Eric Rasmusen)展示了许多第三方，而不是负责照顾其他主体的个人处于防止伤害或损害的最佳位置的情况，因此第三方应该被认为是"成本最低的避免方法"。这类似于上文第四章第三部分(二)中所述的机器人在合同义务领域中错误和故障所带来的影响。我们可以设想，第三方应该意识到机器人由于表面上有缺陷或错误行为而出现的不正常行为，就像阿西莫夫似乎"醉了"的机器人一样。在这些情况下，被告可以辩称，第三方的疏忽甚至故意的不法行为造成或至少是促成了机器造成的危害。

最后，通过举证责任倒置限制严格赔偿责任规则，这种超额合同义务的方法阻止了新的黑格尔之夜，机器人行为的所有类型的侵权责任变成了灰色：如上述第四章第五部分(二)所述。为了辨别该多种类型的危害，《意大利民法典》规定了不同的方式，通过这些方式，个人可逃避对其动物、儿童、车辆、危险活动等造成的实际损失或损害的责任。类似地，就机器人而言，我们应该区分机器人作为人类工业的手段和机器人作为社会生活中的(行动)主体这两种情况。就机器人而言，例如，第四章的介绍中提到的ISO 8373工业机器人，依据传统的合同附随义务规则，严格的产品和故障责任似乎是公平的。然而，与作为行动主体的机器人(如个人和家庭使用的服务机器)相处,对于如何把握潜在的危害,将会是一个棘手的问题。总而言之,如果机器人玩具或机器人保姆造成的伤害与意大利父母因其子女所造成的伤害相抵触而被责成,那么当他们可证明其无法防止机器人的有害行为时,个人就可逃避责任? 相反,如果法律体系收紧举证责任,通过设想机器人意识到《意大利民法典》管理动物的行为,以至于个人只有在表明发生偶然事件时才能逃避责任? 但是,这一观点如何,即:将机器人视为个人的工人和员工,如 i-Jeeves 2.0,即个人业务的服务机器人,如第四章第四部分(一)所述。

事实上,反思这三重情景:

(a) 机器人玩具大部分时间都在家里和孩子一起玩,并且随时与机器人保姆一起陪他们到公共花园;

(b) 机器人保姆在带孩子和机器人玩具到公共花园后回家,并在商场停下来购买了牛奶和糖果;

(c) 为家族企业管理和使用财产的 i-Jeeves 2.0,可支付账单、签订具有约束力的合同、雇用机器人保姆、购买机器人玩具等。

这种机器人应用的多样性呼吁侵权法中的各种损害赔偿责任。从法律角度来看,机器人玩具作为智能人工动物甚至是人工智能儿童的隐喻,暗示了对他人行为的基于过失责任的新案例,我们可以猜测 i-Jeeves 和机器人保姆的责任应被比作传统的工人和雇员行为的责任类型。在此,侵权责任既不取决于故意的不法行为,也不取决于缺乏应有的谨慎,而是取决于通过举证责任倒置而不承认范围的替代责任。鉴于这种进一步的类比,即:机器人和工人之间的平行关系,重点是对于新一代人工智能员工造成的伤害,人类所应承担的严格责任。

130

三、 人工智能雇员和严格责任规则

我们曾研究过两宗案件,尽管有任何非法行为或应受惩罚的行为,但仍需承担责任：在第四章第二部分(二)中，机器人作为人类生产工具具有的严格产品责任和严格故障责任，以及机器人作为人类交往中的(行动)主体的严格责任，在第二章第二部分(二)中，机器人作为危险动物，或根据前面部分所述，在意大利，父母应当对孩子和宠物的行为负责。然而，大多数法律体系提供了另一种严格责任，这符合机器人作为人类互动的(行动)主体身份的法律，具体来说，就是雇主对雇员在其工作合同活动下从事的任何非法行为承担责任。图 5.3 说明了机器人行为不同类型的严格责任：

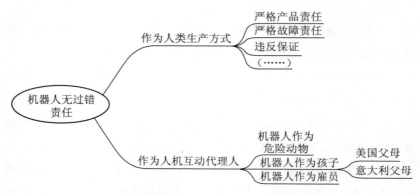

图5.3　侵权行为法中机器人的严格责任

　　现在，让我们把这一分析的重点限制在更深的层次上，即美国普通法律师总结的雇主责任主义和民事律师对严格责任条款的审查，如《意大利民法典》第 2049 条。与对儿童和动物行为的严格责任的假设相反，《意大利民法典》和美国的法律制度对此类无过错责任都进行了限制。其原因有二：一方面，雇员的等级从属地位和雇主的法律权力。例如，根据《意大利民法典》第 2104 条和第 2105 条，雇员有勤勉、忠诚和服从的义务。相反，在雇主的权力中，他们有权指导、控制和约束雇员。

　　另一方面，特别是如美国学者所言，这种分配社会风险和社会责任的方式从经济层面来说是合理的。《自动化人工智能体的法学理论》(2011：128—129)中，引用了波斯纳《法律的经济分析》的第六章节，乔普拉和怀特肯定了"对于像雇主责任原则这样的严格责任原则的经济原理，最好的解释是对被告的激励措施，以改变他们从事特定活动的比例。适用过错标准的法院通常会检查某种特定活动的执行程度，但不会质疑活动最初进行时的水平。严格责任满足了这一需求，因为它可以预测严格责任可能造成的伤害，考虑活动水平和支出可能发生的变化，以决定是否对事故进行预防"。此外，雇主的严格责任保证第三方能满足处理雇员在工作中所造成的损害这样的合同外责任。由于大多数雇员没有足够的资源来弥补他们的行为造成的损害，他们不一定会对侵权责任的威胁作出积极回应。正如利昂·维恩在《智能人工制品的责任》(1992)中所主张的那样，替代责任的合法性"不是基于逻辑上的相互联系，将违法者与他所带来的损失捆绑在一起，而是建立在为损失提供赔偿的政策上，而非把责任强加给没有经济能力之人。因此，雇主应对雇员的自主行为负责，即使他们既不会立即影响也不会参与导致损失的错误行为"(见前引文，第 110 页)。

这个框架中的一个棘手的部分是雇员造成的伤害以及雇员在从事工作合同活动所造成的伤害之间存在的联系。例如，为了减轻替代责任制度，意大利法院要求将这一环节解释为"必要的场合"。然而，回到机器人学领域，我们很难想象一个服务机器不承担其工作活动。为了避免律师套用科幻小说中的场景，法庭永远不会承认雇主所宣称的他们的机器人造成了伤害，一旦机器人完成了工作职责，可以在咖啡店里花些时间和其他机器人呆在一起。此外，与合同当事人的义务或利益相反，侵权法的第三方无需确定这样的机器人是否真的在其法律授权下行事。因此，在替代责任的严格责任规则下，机器人的所有者和使用者对机器每天 24 小时的行为承担严格责任，而有时，基于过错的责任将会包括进(但永远不会避免)这种严格的责任制度。

132

这个结论是残酷的，因为它再次阻止了个人购买和使用机器人。替代责任的严格责任规则甚至比危险动物或意大利儿童造成的伤害的严格责任规则更为严格。在后一种情况下，我们看到了如何通过举证责任倒置减轻过错责任, 当机器人的危险倾向不明、意外事故发生、人类无法防止其有害的行为时, 机器人的所有者和使用者无需承担责任。然而, 正如乔普拉和怀特在《自动化人工智能体的法学理论》(2011: 130)中所揭示的那样: "将雇主责任原则应用到特定情况下的前提是尚有争议的人工智能体凭借自身责任, 及与第三方的互动被视为合法代理人。" 换句话说, 这个严格责任制度不适合所有的机器人应用, 而是第四章第五部分(一)研究的特别类型的机器, 如民法中的作为(行动)主体的机器人。让我们分别探讨如何应对侵权责任的这一问题。

再论数字特有产

在家庭和个人使用机器人完成的所有工作任务中(如娱乐、残疾人援助、个人运输以及住宅安保), 我们在第四章第三部分中探讨了为个人服务和专业服务的机器人。虽然有风险, 此类机器人在签订合同或建立人与人之间的权利和义务方面卓有成效。根据新一代机器人交易员所做的业务, 这些机器所签订的合同是有效的。此外, 通过新形式的法律责任, 如数字特有产, 在不同的人类利益之间达成公正的平衡是可行的。通过使用机器人来进行商业活动、达成交易或签订合同, 个人可以承担仅限于他们自己的机器人的投资组合的价值之内的责任, 而特有产确保机器人合同的当事人真正满足义务。然而, 在侵权法领域, 情况更为复杂, 即由机器人确立的权利和义务不只是简单地涉及他们的合同当事人, 甚至包括合同所涉及的任何第三方, 例如保险公司。相反, 在对机器人作为人类生命媒介可能造成的危害的假设中, 第三方的范围扩大了, 以至于潜在地包括与机器人偶然相遇的每个人或其他机器人: 那么机器人行为造成的非法或意外损害, 究竟应当由谁来买单?

传统观点认为, 个人对损害承担严格责任, 例如, 在上一节中说明的替代责任的合同以外的义务。为了减轻这种严格的责任规则, 机器人交易员的所有者和使用者可以像传统雇主那样对其进行投保。除了这些保险政策的技术性外, 总体思路是保险公司不仅对工作场所发生的伤害进行赔偿, 而且对雇主由于机器人雇员造成的伤害负有责任。这种情况

133

使我们回到了严格责任规则的经济原理上，激励雇主修改他们通过机器人承担业务的比率。虽然保险费增加了使用机器人的个人企业的成本，但这样的机器越安全可控，即使有替代责任条款，个人也会越愿意接受其使用风险。

然而，我们可以通过两种方式改进与机器人相关的法律。一方面，我们可以将人类的严格责任限制在机器人的投资组合的价值上，或者在保险合同中增加私产担保，来延伸私产机制。例如，1952年10月7日，《罗马公约》所建立的关于外国飞机在地面上对第三方造成的损害的模型。虽然国际公约的适用是基于飞机操作人的严格责任，但它通过举证责任倒置为事故提供了限额赔偿方案，以及对此类严格责任制度的限制。类似于本章第二部分所述的意大利父母的合同外责任，《罗马公约》第6.1条规定：

> 除非在本公约的规定下负有责任，只需证明损害完全是由遭受损害的人或其雇员或代理人的过错或其他不当行为或疏忽造成的，则无需承担损害赔偿责任。如果责任人证明损害部分是由遭受损害的人或其雇员或代理人的过错或其他不当行为或疏忽造成的，则赔偿应根据这种过错或不当行为或疏忽的程度减少。

134

在机器人担任交易员的情况下，如果我们决定坚持替代责任的严格责任模式，《罗马公约》第11条为我们应该如何解释人类严格责任可以限制在一个机器人作为特有产的价值内这一观念提供了建议。《罗马公约》规定，要支付的经济赔偿额是根据造成损害的飞机的重量来确定的。至于机器人，可以在机器的"工作合同活动"的基础上确定特有产的大小，以便区分机器人作为保姆及其作为男仆的职责。

另一方面，我们甚至可以对原有的特有产机制进行进一步延伸，和传统的法人一样，将机器人视为商法和民法上的适格主体。正如前文第四章第五部分(一)中提及的那样，一些学者十分赞同这一观点，因为机器人的个人责任将简化一些存在争议的问题，如机器人是否超越某些法律权力，哪一方应为赋予这些权力承担责任，或者人类是否可以因为机器可能出现的故障逃避责任。通过确认机器人的个人责任，换言之，我们可以免去为动物、儿童和雇员等的行为增加一个新的合同以外义务假设的复杂程序，因为(某些类型的)机器人会对造成的伤害、对第三方的实际损失或伤害承担直接责任。在这种情况下，机器人特有产保证了合同以外的义务得到满足，无论人类是否应该承担严格责任，还是其责任可以忽略不计。总而言之，这个框架"提供了一个更完整的模拟人的案例，在这个案例中，如果第三方被代理人欺骗以为其有权进入交易，那么可以起诉代理人要求损害赔偿"(Chopra & white 2011：162)。此外，这样一个"更完整的模拟"简化了本章中提及的举证责任的复杂机制。虽然我们可以设想未来的情景，如机器人对其他机器人的行为负责，例如，机器人保姆对机器人玩具的行为负责，如上述本章第二部分(二)所示，法律机制必须证明举证责任如何在法律领域发挥作用，如何恰当地应对技术的挑战。无论是与拟制或自然主体打交道，法律论证的结构都可能保持不变。

135

四、举证责任

法律责任与义务的问题与举证责任机制密不可分。根据《罗马法》的准则，举证责任与被告无关，而应由对事实或法律问题进行指控的原告承担。在刑法中，举证责任在检察官身上，以证明被告因特定的规范或法令禁止的任何行动或疏忽而有罪。在合同法中，责任是由声称对方违约的一方承担。在侵权法中，原告的责任在于原告必须提供证据证明被告的不当行为对其造成伤害。传统的侵权行为分为故意伤害、过错责任和无过错责任，在机器人侵权案件中，有必要对其进一步细分。由于这些机器的某些行为，就像动物和人类一样，机器人为他人的行为增加了一种新的人类责任。根据这些机器的设计、生产、供应和使用产生的各种合同以外的义务，侵权责任的问题表明，我们应该区分机器人作为人类生产工具和机器人作为社会互动中的主体之间的责任。

在机器人侵权责任的情况下，例如，在第四章中引入的 ISO 8373 工业机器人，索赔责任主要来自这些机器的设计者、制造商和供应商的严格产品责任和故障责任。排除故意犯罪和刑事起诉，侵权责任可能会涉及严格责任或过错责任。在这种情况下，如何将举证责任的机制应用到机器人侵权的领域中，可以概括如下：第一，在大多数法律体系中，失责处理规则是由严格责任规范给出的。这意味着原告的索赔取决于在严格责任制度下机器人应用问题与原告的损害之间的法律上的充分条件。美国普通法律师间有这样一句行话，必须存在"能在理性人的偏好中找到的证据"这样一个因果关系，而不论我们在第三章第五部分和第四章第二部分(二)讨论过的被告应存在某些非法行为或犯罪行为。

第二，虽然普通法传统和大陆法传统、对抗制度和非对抗制度、举证责任和证明责任，负责审理案件的陪审团和法官之间大相径庭，这一机制如何向一方或另一方分配收集和提出更多证据的义务仍然取决于我们的法律制度。[4]但它不遵循严格责任制度下被告的绝对责任：大多数情况下，被告确实可以证明已经采取一切适当措施以防止任何损害，而且，机器人的应用问题和原告的损害之间不存在因果关系。例如，被告可以证明产品根本没有缺陷，或者缺陷是次要的，不是造成原告伤害的直接原因，或者产品缺陷是脱离制造商的控制之后出现的。在严格的故障(与严格的产品对照)责任的情况下，尽管事故存在合理的次要原因等，被告也可以证明机器人应用使用异常。

第三，严格责任规则并不能阻止机器人应用的设计者、制造商和供应商承担进一步的责任。就过错责任的索赔而言，原告可以证明(被告)有责任遵守一定的行为准则的义务，而由于违反该义务，被告人对原告造成了损害和实际损失。这种责任可能涉及机器人供应商和制造商之间的分摊责任形式，或被告人雇员的疏忽行为，如机器人应用设计者的替代责

143

136

任形式。在任何情况下，这种形式的责任都需加上上述严格责任制度。

另一方面，民法领域中，也有机器人作为媒介或适格主体的侵权责任。和第一类机器人，即机器人作为人类生产工具的情况相同，原告有责任展示机器人应用和在严格责任制度下由此类机器造成的损害之间充分的法律依据。然而，除了严格故障责任或产品责任之外，第二类机器人提供了一系列侵权责任的案例，被告对他人的行为负有严格责任。在这里，很可能举证责任将主要落在这类机器的用户，而非制造商或供应商身上。无论是基于过错的责任还是严格责任，赋予当事人举证责任的机制因认可的类别不同而不同。机器人与雇员、儿童或动物之间的平行关系，揭示了在可预见的将来，侵权行为法中机器人行为的责任是如何发生的。

第一，我们可以将服务用机器人和家用机器人同人工智能雇员进行比较：一旦原告提供了有充分法律依据的证据，依据替代责任原则，人类将无法逃避责任。这与侵权法学者的观点一致，他们认为机器人要么是危险动物，要么被用作实施超危险行为。因此，严格责任规则适用于上述第二章第二部分(二)和第三章第四部分(三)的所有情况。

第二，我们可以将个人用或家庭用机器人与美国法律中父母为其承担责任的儿童进行比较，如本章第二部分(一)所示。被告需要证明他们的机器没有任何类似应用中不常见的危险倾向或特性。诚然，在可预见的将来，被告免于责任的可能性很小。

第三，我们可以将机器人与意大利法律中父母为其承担责任的儿童进行比较。在这种情况下，如果有证据表明，被告无法防止机器人的有害行为或偶然事件，即可逃避责任。然而，意大利法律可能会与美国侵权法模式趋同，如上文本章第二部分(二)所强调的，被告的目标仍然十分沉重。

然而，法律系统也可以是有限责任的形式，如数字特有产。通过将罗马法制度应用于合同以外的义务领域，机器人的严格责任可以被限制为其投资组合的价值，或者可以在保险合同条款中添加保险合同担保。此外，我们可以进一步将罗马法律中的特有产看作机器人(某些类型机器人)的一种责任形式。如上所述，有些学者支持这一想法，因为赋予机器人"个人责任"将避免对"因他人行为产生的合同外义务"进行新的假设而产生的难点。这种"与人类情况更全面的类比"(Chopra & white 2011：162)不仅会使机器人直接对引起的伤害、对第三方造成的任何实际损失或损害负责。此外，机器人的个人问责制符合机器人对其他机器人的行为负责的情况，例如，如上文本章第二部分(二)所述，机器人保姆照看机器人行为所应承担的基于过错的责任或严格责任。

138

　　然而，某些学者发现这种情况是存在问题的，因为即使是最善意和最博学的设计者也无法预见机器人行为的所有可能结果。除了成本效益分析和法律技术，如数字特有产，有些人强调机器人的设计师和生产者由于机器人行为的不可预测性而需承担的新的"强大的道德责任"(Grodzinsky et al. 2008)。另一些人则怀疑，生产与人类相关联的机器人，其目的是否符合伦理道德(Dautenhahn 2007)。随着机器人在战场上的使用以及网络中心应用的日益复杂化，与民用领域而非军事领域的"敏感技术"的使用对照，启发了一部分学者去援引"预防原则"(VuruGuo 2006)。尽管有相互竞争的规定，但这一原则基本上陈述了，当我们不能(科学地)确定没有任何危险的影响时，我们应该进行举证责任倒置，以防止采取行动。该原则的法律条款可在 2000 年 2 月的欧洲委员会中作进一步说明："预防原则适用于科学证据不充足、不全面或不确定的情况，前期的科学评估表明有担心的理由。即对环境、人类，或动植物健康的潜在危险影响可能与欧盟选择的高水平保护不一致。"

　　处理风险和威胁主要取决于机器人不可预测的行为及其对人类健康和环境的影响，我们必须扩大分析的重点，并考虑预防原则的执行可能会对个人的权利和义务产生的部分或全部影响。其次，探讨了预防原则在法律上可以理解的四种不同方式，以及它们如何影响举证责任机制。然后，本章第四部分(二)的重点是根据开放性原则限制预防原则。这一分析介绍了本书的最后一章即"法律作为元技术"，以及法律系统如何掌握机器人的主体资格。

（一）预防原则

预防原则在当今的法律体系中至关重要，因为它解决了由于我们正在处理的问题的复杂性而导致的危害、风险和科学不确定性。国际电磁辐射安全委员会于 2006 年 9 月达成的《贝内文托决议》中提到，每次"负面影响有出现的迹象，尽管仍然不确定，但无为而治的风险可能远远大于采取行动控制这些苗头的风险。预防原则将举证责任从那些怀疑风险的人身上转移到忽视风险的人身上"。具体而言，我们应该确定举证责任倒置的不同级别，即图 5.4 中所示的司法、行政、法律和政治级别的预防：

139

图 5.4　以预防原则倒置举证责任

这里的"司法级别"指的是法院的裁决。在某些情况下，法庭可以放弃原告承担举证责任的原则，以便实行举证责任倒置，使其指向被告。这是一些政党在联合国国际法院的一些诉讼中所宣称的。例如，在 1995 年新西兰和法国关于法国在太平洋的核试验作出的决定中，新西兰声称法国应该证明其自身活动的安全性。在请愿人提出的形式审查的请求中，根据预防原则，"举证责任落在一个希望从事对环境存在潜在破坏性行为的国家，必须提前证明其活动不会造成污染"（第 34 条）。同样，在 2003 年马来西亚诉新加坡围海造地案中，马来西亚的辩护人伊莱休·劳特帕律师断言，"可能有人会争论预防原则的地位，但马来西亚提议国际法院不应拒绝广为流传的观点，即对那些提出可能对环境造成破坏的国家，应该向那些可能受其影响的人，而非自身，证明对环境没有造成伤害的可能性"（Foster 2011：247）。

预防原则的第二级别涉及行政当局的监管权力。回到第四章第二部分中研究的达芬奇外科手术系统。这些应用的生产者必须积极证明医疗

146

领域机器人的商业化和使用的安全性令人满意。在有科学证据的基础上，外科手术机器人生产商可以获得美国食品与药物管理局的批准，例如，已被批准的 Z-065—2008 "2 级召回达芬奇外科手术系统 8 毫米长器械套管"。同样，在欧盟法律体系中，欧盟医疗器械指令要求 93/42/EEC 需要大量的临床数据来保证医疗器械的安全性。例如，这种设备的生产商将提供"设备预期用途相关的科学文献以及应用技术汇编"（附录 X, 1.1.1），其目的是，"在正常使用情况下确定任何不良的副作用，并与预期性能进行权衡，评估设备是否会构成风险"（附件 X, 2.1）。同样地，就无人驾驶飞行器来说，如上述第四章第五部分所示，举证责任应由此类无人驾驶飞机的生产者和制造商承担，应预防性地证明其"履行特权相关责任的能力和方法"。根据欧盟法规 216/2008 第 8 条第 2 款民用航空领域规则的表述和欧盟航空安全局(EASA)的设定，"这些能力和工具应通过颁发证书加以判定。应当在证书中指定授予经营者的特权和特权操作范围。"

140

　　预防原则的第三级别是"立法层面"——符合各国立法者和国际立法者制定的法律义务。这些义务可能涉及法律推定制度，因此，法院不应使用他们自己的裁决权力来进行举证责任倒置，而是应该通过运用这些条款来进行，如本章中所示的无过错责任相关的案例。但是，立法者也可以在"个案"的基础上确立这样的预防原则：例如，在世界贸易组织(WTO)协定中，如《实施卫生与植物卫生措施协定》(SPS 协定)第三条第三款规定必须采取预防措施，因为它允许成员采取比相关国际标准的措施更严格的 SPS 措施，"除非依据科学上的理由，或者由于卫生与植物检疫措施社会水平的影响，否则成员应当与第 5 条第 1—8 款的有关规定保持一致"。同样，根据第 258/97 号条例第 12(1) 条的规定，欧盟法律认为成员国应拥有"详细理由"，以考虑使用一种新型食品对人类健康或环境的危害。欧盟法院于 2003 年 9 月 9 日在孟山都公司诉意大利案(C-23 6／01)中宣布："有关成员国提出的原因，如风险评估结果，不具有普遍性。然而，鉴于新食品在简化程序下的初始安全分析的有限性，以及基于保障条款采取措施的临时性，成员国只需提出新兴食品存在特定风险的证据，即可满足举证责任。"

141 　　预防原则的最终级别考虑了必须采取的政治选择。迄今为止，该原则一直关注物种灭绝、公共卫生、食品安全或全球变暖等高度敏感的问题。举证责任确实应该落在那些主张采取行动的人身上，因为这对整体环境会产生直接影响。考虑到机器人的威胁和风险，某些当事人也将该原理应用到机器人领域。例如，《机器伦理学规划》强调了"代表团的问题和对技术的责任是我们每个人的日常生活问题"。今天，"机器应用到我们的安全、健康、生命、储蓄等关键方面"，建议"专业人士在敏感技术方面采用预防原则"(Veruggio 2006：12)。

　　然而，预防原则在机器人领域的适用性面临如何处理不确定性、未知的三个问题。第一，应考虑到应用预防原则的门槛，即科学上的不确定性及其程度，使用敏感技术可能造成的危害。在《国际法庭及审理委员会科学和预防原则》(2011)中，卡罗琳·福斯特总结了一些与这一风险水平相关的学术定义：有理由相信这样的担忧并非空穴来风，必须谨慎对待可能引起危害的风险。福斯特认为，"总之，科学不确定性中一定存在预防原则适用的最小门槛。然而，这个门槛必须经由实践检验"(见前引书，第 257 页)。

　　第二，预防原则可能导致非理性、保护主义、风险规避或简单的悖论结果。考虑卡尔·波普尔证伪主义的经典知识论论证，即从逻辑的观点看，一个科学理论虽然是可证伪的，但不是完全可证的(波普尔 1935/2002)。因此，在预防原则的情况下，一些人援引了一种"颠倒的波普尔悖论"，因为在采取行动之前需要证明没有风险，而不是证明存在这种风险，这就意味着无证据被证伪之前无作为将一直持续。正如乔瓦尼·雷扎(Giovanni Rezza)在《预防为主的防止原则》(2006)(The Principle of Precaution-Based Prevention)中所主张的，"应实施干预，减少潜在危险

142 源，直到确定假设被证伪。虽然假设在原则上是可证伪的，但零假设的确证(如转基因生物是不安全的)显然永远不充分，因为提前实施的禁

令。在颠倒的波普兰悖论中，除非无证据假设被证伪，否则干预将继续下去"。根据这一观点，只有独立的研究才能产生足够知识和经验数据，以便作出合理的决定。

第三，律师在处理某些部分或完全不确定的事情时，恰当地运用举证责任。然而，在整个过程中，我们看到，举证责任的分配因我们关注领域的不同而不同，并且多数情况下，预防原则存在争议。事实上，我们有理由参与行动，以便认可我在这里所说的"开放原则"：《无知无畏无惧行动！》（Act despite of your own ignorance! ）。这是1997年6月26日发生的事情，当时美国最高法院因为"互联网"等的特殊性质而否决了部分《通信规范法案》（CDA）。在史蒂文斯的措辞中：

> 在这个法庭上，虽然不是州地方法院，政府声称，除了对保护儿童的兴趣之外，它对促进互联网发展的兴趣同样重要，这为维护CDA的合宪性提供了独立的基础。政府显然认为，互联网上不可调节的"下流的"和"明显冒犯性的"语言的存在，使得无数公民远离媒介，因为他们有可能将自己或孩子置于有害环境中。
>
> 我们觉得这个论点难以令人信服。这个新观念的市场的发展壮大与这场争论的事实基础相抵触。记录表明互联网一直在以惊人的速度发展。至于宪法传统，由于缺乏证据，我们假定政府对言论内容的管制更可能干扰自由的思想交流而不是鼓励它。(斜体补充)

预防原则也许应该广泛应用于机器人领域，例如自己为自己计划执行任务机器人士兵和小型无人机。然而，诸如 NAO 或日本流行明星机器人歌手 HRP-4C 的进一步应用，显然证明预防原则提供的并不是"一刀切"的规则。在这里，举证责任落在那些想阻止个人行动的人身上，这样科学家和公司就可以自由地继续他们的研究和业务。事实上，预防并不意味着因为无知而禁止行动，而是"采取行动以使行动效果与持久的人类生命相一致"（Jonas 1979）。关于是否应该使用这些机器人的争

143

论，如出于商业目的自主应用致命的机器和服务以及用于寓教于乐、安保便利的家用机器。其目的是在本章的最后一部分探讨"举证责任"如何在机器人的法律中起作用。

（二）机器人开放性

机器人极度危险，或者相反，机器人对汉斯·约纳斯所谓的"真实的人类生活"似乎并无影响是两种极端情况，在这之间存在明显的灰色地带，可以证明判断机器人应用的困难程度。考虑预防措施是否应在金融领域的机器人网络中心和战争中的半自动致命武器中广泛应用。正如第三章第二部分所强调的那样，必须将是否应该因为可能造成的伤害禁止某种技术区分为两个问题。一方面，技术的合法使用可能取决于政治决策，如军事领域机器人的应用和当前关于致命武器是否可以实现完全自动化的争论，以及哪些参数或条件应该控制机器人士兵的使用：这是在第三章第三部分(四)和第三章第四部分(一)中讨论的。另一方面，第三章第五部分、第四章第二部分、第四章第五部分和本章第四部分(一)研究了基于科学证据和法律上的因果关系，律师查明技术能否在侦查部门中实现合法使用。本部分的重点是在这些情况下如何分配举证责任。

首先，我们必须注意预防措施的政治性，而非行政性或规范性。正如在第四章和第四章第一部分的引言中所示。这个问题可以根据范围来把握。一方面，考虑自主机器人士兵：就预防而言，举证责任从那些怀疑这类机器在设计、建造和使用方面存在风险的人身上转移到那些忽视风险的人身上，因此，政治当局应该预防性地展示他们的机器人是相当安全和可控的。然而，在过去的几年中，在未对这些自主武器的可靠性进行必要测试就应用了机器人，但进一步采用那些自主决策造成严重伤害的机器人可以被解释为战争罪或反人类罪，反之亦然。另一方面，思考一下其他机器人应用的案例，如 NAO 或 HRP-4C，发现公开而非预防原则更为适用，因为它们不会影响我们所认为的真实生活。然而，在这两个极端之间，这并不是均衡开放和预防措施利弊的问题。我们应该认可"开放社会"理想，除了哲学原因以外(例如 Popper 1945；Hayek 1960

144

等),[5]还应考虑上一节提到的法律原因,因此,尽管机器人行为存在风险和威胁,但研究和开发仍应继续,以免倡导预防原则的人分享证据,表明威胁和风险超过了这项技术的潜在好处。毕竟,这是提倡禁止(某些类别)机器人士兵旨在证明的,从而禁止在特定应用领域的研究,例如小队的小型自主致命机器。

在此基础上,下一步应当注意防范措施的规范性和行政性的限制。虽然按照开放性原则,大部分时间机器人制造商不必证明他们正在开发的机器是无风险的,这类机器人在其商业化和使用之前仍然必须遵守安全标准。这是在上一部分中指出的:根据欧盟的指令 93/42/EEC 的行政授权和规范标准,证书只有在证明该机器的安全性之后才会颁发。虽然这些标准根据机器人应用的类型而有所不同(例如,诸如达芬奇外科系统这样的手术机器人),举证责任倒置意味着,人类所使用的每一个机器人,必须有证据证明机器的安全性才可以制造和使用。这就导致了法院关于审判权以及如何确定责任和举证责任的预防原则。

本章的导言通过对工业机器人和个人或家庭使用机器人加以区分,强调了侵权法中传统的基于过错的责任的案例。然后,在本章第二部分,图 5.1 和图 5.2 通过比较美国模式和意大利模式过错责任的案例进行了考察。其次,本章第三部分和图 5.3 分析了无过错责任的案例,特别是人工智能雇员行为的严格责任。鉴于这种不同类型的侵权责任,在本章第四部分中我一直坚持两类机器人,即机器人作为工具和机器人作为(行动)主体的行为责任存在关键差异。然而,目前关于严格产品责任、严格故障责任等方面的规定,更多强调对于工业机器人的使用,一般来说,也就是机器人作为人机互动的工具,关于机器人作为主体的侵权行为责任的疑难案件正在涌现。合理分配举证责任无法减轻这类机器人的无过错责任:然而,法律制度也认可有限责任的形式,如数字特有产和强制保险的政策,以便在责任和风险分配中取得平衡。

无可否认,后一种观点的利弊是从以人类为中心的抽象水平来考虑的,事实上,机器人作为工具和机器人作为(行动)主体的区别有待探

145

讨,例如这些机器是否应该被认为是有自己权利和义务的自主法人。第三章第二部分和第四章第三部分(三)提出了这一问题,本章第二部分(二)再次探讨了这一问题。把关注点放在人类对这些机器的行为负责的问题,而非机器人作为玩具、保姆或男仆的法律人格。因此,我们对机器人作为人类责任的来源,或者反过来说,作为民法中的(行动)主体,而不是作为新一代宪法权利和义务的候选人进行了详细描述。虽然必须采取多种政治选择,以便在严格责任政策和基于过错的责任形式之间进行抉择,以及如何平衡预防与开放,这些决定中有许多将会涉及机器人应有的法定主体资格类型。在对刑法、合同法和侵权法进行分析之后,对机器人法的探究,就必须以宪法的原则和抽象的法律概念作为一种元技术来界定。下一章将利用法律推理概念和方式来探讨应该采用的机器人法定主体资格类型,以控制技术创新。

注释

1. 这是前文第二章第一部分(一)和第三章第一部分中机器人解放阵线的观点。

2. 参见上文第三章第四部分(二)与第三章第五部分。

3. 参见上文第四章第四部分(二)。

4. 考虑例如非对抗制度之间的差异,法官可能会直接继续寻找证据,直至法院认为没有这种证据存在,并且因此在该特定案件中不存在事实主张或辩护和对手系统,在这种系统中不允许进行无限制的搜索。而且,根据美国法律,随着现代民事诉讼程序扩大"发现",举证责任变得越来越重要,即一组工具可让一方通过简单地向对方提出证据而获得证据。此外,在陪审团由于证据平分而无法作出决定的罕见情况下,美国法律规定的诉求负担是一个决定性因素。与大多数欧洲法律体系相反,陪审团有权决定事实,甚至根据证明责任规则来决定事实是否平衡,这部分否定了立法者制定法律规定时考虑的所有"道德选择"。

5. 我们在第六章第四部分(一)会回顾这些观点。

第六章

法律作为元技术

前几章提到了不同类型的疑难案例，它不遵循"由法律管控技术创新之进程"的目标，由此必然导致法律自身目的的不足。然而，机器人的法律人格、豁免条款、契约中的拟制行动能力以及他人行为的新型责任等疑难案例，产生了更深层次的问题，即法律的存在及其内容是否源于自身需求，如果是，过程是怎样的。在分析有关机器人法律的疑难案例之前，本章旨在确定机器人法律的重点所在，一个正确答案是否合法，法律体系是否存在替代方案或政治决策是否需要通过国际条约作出。目前关于在军事领域运用机器人技术设计无人机能否视为合法尚存在争议，例如，法律专门人才即将找到合理的折衷方法。然而，联合国大会和联合国秘书长潘基文在本书出版之前一直保持沉默，但值得注意的是，使用机器人士兵的豁免条件与在民用领域使用工业和服务机器人的无过错责任密切相关。

148   我们可以扩展到法律层面，亚里士多德曾在《形而上学》中提到了"存在"这一概念(VII 1, 1028 A 10)，1984 年版的《形而上学》中提到，亚里士多德曾提出："可以从多个层面解读法律。"几个世纪以来，法律被认为是一种形式或一套制度、一种结构或一种上层建筑，一种功能或一种程序、一种社会控制工具或一种社会沟通手段。通过考虑法律渊源，法学家进一步区分政治规划和自发秩序，法规和习俗。一个对比较法的简短调查提醒了我们，民法与普通法传统之间的区别以及欧洲大陆奉行的法典至上与盎格鲁—撒克逊法律体系的判例法之间的区别。此外，不同派别旨在发现法律的本质，比如古典自然法传统和现代自然法传统、法律现实主义及法律和经济学、旧制度主义和新制度主义以及一些法律实证主义的变体，例如包容性实证主义和排他性实证主义、强制主义和规范主义。尽管立场众多，可能造成困惑甚至不安，但是将法律与数学的不完全现象作个类比可能有助于解释现行的法律状况。法律可以从诸多方面解读，是因为法律现象远比法律本身复杂。弗里德里希·哈耶克在《法律、立法与自由》(1973)第一卷中提到，"比如，我怀疑是否有人阐明了'公平竞争'的所有支撑规则"(Hayek 1973：76)。如果我们的目的是确定法律的本质，那么找到答案需要的信息远多于解决争议问题所调查到的信息。[1]

本章着重从元技术的角度分析法律，但这并不意味着仅是换种形式研究法律的内容或是法律的本质。本章的宗旨是适度抽取部分内容，以理解法律体系在面对技术进步和技术创新的挑战时采取的应对策略。正如第二章第一部分(三)中提到的那样，可以从中抽取一部分视作界面，代表分析中可观察量的特质。把法律当作一种确定设计、制造和使用技术产品合法条件的其他方式，这种抽象化概念使分析法律体系成为可能，最终产生一种模型。第五章第二部分(一)和第五章第二部分(二)中研究了这种可观察量。例如，技术商业化使用的禁令和规章制度确定了法律体系中主体的法律责任。禁令颁布的基础是实证证据或与之相反的纯粹的意识形态偏见。但如今关于预防原则的辩论表明，实证证据和意识形态偏见有时会发生冲突，我们应该关注社会及社会价值观影响技术的方式。从法律的角度来看，一旦某项技术不合法，其结果将根据机器人打手现象学的第一步来确定：仅是使用这种技术——都将视作一种犯罪。受该禁令的约束，对技术设计者和制造商的起诉将逐渐增加。

另一方面，合法的商业化和技术使用的规章制度既依赖于该体系的宪法保障，也依赖于国家层面和国际层面的规定，如 2001 年颁布的《布达佩斯网络犯罪公约》。第五章第二部分(二)中有该模式的"变量"，涉及法院的审判权力、行政部门的监督权、法律程序不同步骤的举证责任。图 6.1 总结了个体为管理技术进步，可能面临的法律责任问题，复杂的概念网络和法定推理方式等情况。

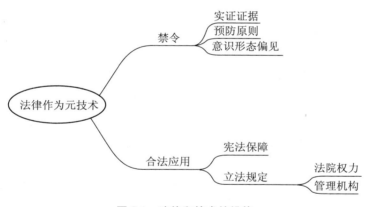

图 6.1　法律和技术的挑战

在此基础上，目前共分析了四类不同案例。

(a) 第三章第四部分(二)和(三)中研究的不合法/合法的机器人应用程序；

(b) 第三章第五部分中查明了刑法领域的有关豁免和肯定性抗辩的案例；

(c) 第四章第二部分(二)和第五章第二部分中有关过错责任的案例，

比如，契约法和侵权法中个人过错责任制；

(d) 有关契约责任的案例，以及考虑到第四章第二部分(二)和第五章第二部分，在契约法和侵权无过错责任同时适用的情况下，如何撤销举证责任。

150   然而，许多学者猜想，法律的目的是管理技术进步和技术创新带来的挑战，就像是阿基里斯追龟悖论中的那只龟。[2]想想20世纪30年代使用的氟氯烃，法律体系花了半个世纪才成功禁止在制造冰箱时使用氟氯烃。第五章第四部分(一)中审查运用预防原则规避风险的不合理性，有点类似于反向的波普尔悖论，即采取行动之前必须证明其风险为零，这会导致不作为。在这两种极端之间，法律还是能够达到控制技术的目的，正如"欧共体—《关贸总协定》第20条的石棉案"。该条款为国际自由贸易公约提供了环境例外，为了证明限制是保护人类健康所必需的，建立这种责任的举证责任落在了援引这些条款的一方身上。1996年10月法国政府通过一项法令，禁止进口使用石棉和含石棉的产品，1998年5月加拿大要求与欧共体进行磋商，确定法国关于石棉的禁令是否符合《关贸总协定》第20条(b)款的规定。2000年9月18日，世贸组织专家小组裁定，法国的禁令与国际协定中的技术性贸易壁垒不相符。然而，2001年3月12日，上诉机构推翻了这一裁定。不仅认为"禁止石棉和含石棉的产品并不违反欧共体在世贸组织协定下的责任"，而且上诉机构"推翻了专家小组的裁决，即技术性贸易壁垒协定对禁止进口石棉和含石棉的产品不适用，而且认为技术性贸易壁垒协定适用于被视为完整整体的举措"。由于法律的调节作用，欧洲不必再进口石棉或使用石棉。

当然，法律的技术细节并不能阻止技术竞赛带来的所有风险和威胁。人类必须适应环境，这一需求并未随着法律体系的复杂化而消失。而且，这种进步尝试可能会导致贾里德·戴蒙德(Jared Diamond)在《社会如何选择成败兴亡》(2005)中强调的崩溃。只要提到目前全球变暖争论的复杂之处便已了然。然而，与传统的开发及使用技术应用的规章制度相反，必须对机器人技术的关键特性加以强调。除了把机器人作为人类工业生产的方式之外，第二章第三部分(二)中还进一步研究了机器人作为一类主体。因为此类机器人的行为方式与动物、儿童和成人伙伴相近，[3]由此推断出在法律领域，机器人不仅可以被视作责任发源，而且也可视作有自身人格的主体。乔普拉和怀特认为(2011：189)，"有一定能力的，最重要的是有意识系统的人工智能体，强有力地证明了机器人有自身的人格，而机器人与人类的紧密关系和机器人自身的行为模式进一步证明了这种人格"。因此，我们不能仅仅关注因为机器的这种行为人类应该承担的新式责任，而且应该关注机器人在以后的法律体系中能否被视作法人或者适格主体。我们可以回看本书介绍中的表 1.1 和第二章第四部分。

考虑到把机器人视作法律体系中的法人、适格主体或危险来源情况下对其行为负责任的条件，本章旨在全面分析该模式下法律中的可观察量，详见表 1.1 的 I-1, SL-1 和 UD-1。

接下来，我将研究过去几十年间盛行的关于将机器人法律人格化的争论，一共有以下三个常规观点：个体本身就拥有的权利和义务要区别于那些个体通过故意行为有能力去创造(的权利和义务)，或者相反地，对他人有约束力的权利和义务。如果承认我们没有必要，甚至不便在可预见的未来承认机器人的法律人格，那么可以预见，将有三分之一的法律责任会被排除在外。详情见表 1.1 的 I-1, SL-1 和 UD-1。

本章第二部分关注机器人代表人类，通过自身的故意行为、权利和义务获得的生产能力。尽管机器人并无意识、自由意志或类似于人的意图，机器人自动化的程度足以对法律的民事(与刑事对照)层面产生相应的影响。同时越来越多的学者认为应该鼓励机器人成为主体，承担其在契约领域、豁免案例、无过错责任和由于自身过错造成损害导致的责任。表 1.1 详细研究了案例 I-2、 SL-2 和 UD-2。

本章第三部分的重点是案例 I-3、 SL-3 和 UD-3。与其让负有责任的人工智能代理人做生意和订立合同，多数时间下法律体系可能会让人为其机器的行为承担责任。

152　　　然而，除了传统形式的无过错责任和过错问责制度，我们还可以设想新的责任类型。考虑人类新类型的犯罪方式，以社会认为不正当或令人不安的方式损害或破坏他们的机器人，同时对这些机器人的行为采用新的惩罚方式。第二种禁令并未直接将责任归咎于机器人的所有者。尽管如此，对机器的惩罚性制裁也会对机器的所有者产生影响。

　　　　本章的最后一部分旨在防止可能产生的误解，将法律视为一种元技术，并不意味着技术不会对当今的法律体系产生影响。人类是拟制人唯一相关的行为来源，而这些拟制人并不能还原人类的各项行为，这是法律首次赋予这些拟制人责任和行动能力，这不需要任何科幻小说的认可。通过将机器人区分为所谓的新型法人、适当的代理人和新的责任来源，在机器人行为责任的案例中，有九分之四最终将根据表 1.1 的 I-3、SL-2、UD-2 和 3 进行审理。鉴于被审查领域之间的重大差异，其目的是查明新的分析和决策情景。这部分介绍了本书关于人机交互新环境设计的最终评论。

一、　机器人作为法人

　　　　在过去几十年里，学者越来越多地争论法律系统是否应该赋予机器人(一般是自动人工智能体)人格。法律专家、哲学家、社会学家、计算机科学家和军事专家都参与了这项辩论。正如彼得·辛格在《杀手应用的世界》(2011：400)中报道的那样，"今天，美国空军辩称，其无人驾驶的侦察飞机，如果被雷达瞄准，就像它的飞行员一样，有同样的权利用弹药来保护自己。一方面，这种授予驾驶无人系统的先发制人的'自卫'权利是有道理的，另一方面，这样做可能将法律争议转变为国际危机，同时也是机器人权力运动的一大进步(可能是无意识的)"。

　　　　支持机器人自由的人显然也支持机器人应该拥有自己权利的观点。

此外，部分批评将机器人法律人格化的人也支持这篇论文。例如，在《非人类的权利？》(2017)中，君特·托伊布纳坚持认为，关于"事物社会化"所产生的风险以及人工智能体和决定超出人类控制这一事实。社会关系的异化问题和物化问题已经对卡尔·马克思和马丁·海德格尔造成了困扰，而自动化会导致这些问题。托伊布纳仍然认为，"法律类型多种多样可能会导致政治生态系统中的政治团体法律地位界限分明。那些根据真实情况作出的推定可能会成为影响制度化政治的唯一主体，而不会对经济、科学、医药、宗教或社会其他方面产生影响。法律上的行为能力部分归因于不同社会情境。结果就是，法律已做好准备迎接新的司法行为人——动物和电子智能体"(见上引文，第 20 页)。

通过区分机器人作为法律领域的适格主体以及机器人作为人类互动的简单工具，我们的重点应该放在法律体系可能管理新司法者行为的多种方式上。作为人类工业生产的工具，机器人可以被看作条款主体和契约条件、合同外责任的来源，或者个人犯罪意图中为自己开罪的手段。反之亦然，要将机器人视为法律领域的(行动)主体，应该考虑到更复杂的情况。第二章第三部分(二)中的图 2.6 评估了授予机器人法律人格的四种不同条件。理论上来说，法律体系可能授予：

(a) 机器人独立的法律人格，且拥有自己的权利和义务；

(b) 宪法主体的有些权利，比如授予未成年人和患有严重心理疾病人的权利，例如，无完全行为能力的人；

(c) 公司等人工法人具有的独立人格，而不是非独立人格；

(d) 民法领域形式更为严格的人格，比如契约责任和合同外的责任中(某种形式的)机器人的问责制。

自然，我们应该研究图 2.6 中更多的法律变量，以便拓宽视野，并考虑其他形式的主体资格。现在我们先回到托伊布纳对《非人类的权利？》上。法律上的新参与者关注法定主体资格的所有细微差别，比如"法律主体的法律水平，纯粹利益、部分权利和完全权利之间的不同，有限行为能力和完全行为能力的不同，代理、代表和信托之间的不同，个人、集团、公司和其他形式的集体责任之间的不同"(见上引书, 第20页)。让我们关注 1948 年《世界人权宣言》第一条中的"法律人格"这一典型概念, 以便将它与民法领域(与刑法对照)中常见的其他形式的"有限人格"区分开来。米雷耶·希尔德布兰特、伯特·雅普·库普(Bert-Jaap Koops)和大卫·奥利弗(David-Olivier)、雅凯·雪菲尔(Jacquet-Chiffelle)在《弥合问责差距》(2010)中探讨过这一观点, 他们将"能够进行合同的民事行为的法人"与"具有各种法律行为能力的法人以及承担民事和刑事责任的法人区分开来"。"法人系有契约等民事行为能力, 有承担民事责任和刑事责任能力的人, 这种法人也是有道德的人"(见前引文, 第 550 页)。同样, 在《认知自动机和法律》(2009), 乔瓦尼·萨尔托尔提出一种包含三点的常规分类, 最终将其分为两种人格。

在处理人格归因问题上, 我们需要区分三种常见观点。

1. 获得法律地位的能力, 比如拥有自己的权利, 承担自己的责任的能力;

2. 通过自己的有意(是否可以改为故意)行为, 产生自己的权利和义务的能力;

3. 通过自己的故意行为, 产生另一方的在权利和义务的能力。

广义上看, 只有前两种刻画了法律人格的特性。第三种是独立于前两者之外的:有法律人格并不意味着一方对另一方有约束力;一般前提是假想当事人是代表。

正如第四章第五部分(一)和第五章第三部分(一)所强调的那样, 新的机器人问责制在合同法和侵权法方面卓有成效, 因为诸如数据特有产等方法简化了众多有争议的问题, 比如有越权行为的机器人、授予这种权利所需承担的责任, 或者当机器出错时人类能否规避责任。然而, 支持者争论不已。人为问责的形式, 比如数据特有产并非人人满意, 因为将机器人和奴隶混为一谈, 是不符合道德, 且在人类学上有失偏颇的。然而, 此类问责形式所给予的自主性并不充足, 因为一旦我们接受, 某些人工智能体将被视作契约领域的严格主体, 它们将由此获得法律人格。《自动化人工智能体的法学理论》中表示，"从哲学来说，人工智能体大部分(并非所有)都是基于'不完整的论断'，因此无法获得人格。从某种意义上来说，似乎可以通过对人工智能体的想象来展示那些所谓的不完整的行为或属性。如果是这样的话，本质上来说人工智能体有资格获得独立的法律人格，因为从法律层面来看它是最接近哲学中人这一概念的"。

本章第一部分(一)将深入探讨"人"这一哲学概念：旨在确定现今的法律体系是否应赋予机器人法律人格。接着，本章第一部分(二)将讨论法律体系应该承认机器人独立或非独立人格的现实原因而非概念原因。在此基础上，我们把焦点放在本章第二部分，以便确定我们是否应该为这些机器制定更为严格的法定主体资格形式。

（一）机器人解放阵线

在过去的两千年里，律师们一直在讨论"人"的含义。在《查士丁尼法典》中的《查士丁尼法学阶梯》以及《查士丁尼学说汇纂》中，这个词在 168 个不同的盖尤斯作品和评论中反复出现。虽然威廉·索伯恩在《一个人是什么？》(1917：299)中断言"盖尤斯从未定义或解释人格"的说法是正确的，但这个词通常用于连接某一特定个体(例如，对人诉讼)、当事人在一个过程或法律行为中的作用(例如人格行为)、自由人和奴隶的地位(例如，人格权和反过来说，异化)之间的关系，或来区分物理或自然人和机关法人之间的关系(第 46.1.22 款)。同样，另一位著名的罗马律师西塞罗也使用这个词来表示法律审判的当事人，就像《论法律》(2.48-49)中所表述的那样，或根据该词的原意，即"面具"。此外西塞罗(1999)使用"persona"一词来定义一个人的性格、社会角色、社会功能和脾气秉性；更通俗地说，强调他的道德和精神特性，以此来凸显一个人的"个性"。

诚然，罗马对于"人格"的定义并没有预见到当今时代的"人格"会成为自身可以享有权利并履行义务的主体，罗马的"人格"也与今天的"人格"不尽相同。例如，今天关于法律主体可以成为"人工智能体"的观点应该追溯到 19 世纪以来，教会法律专家提出的"人物角色和表演者角色"的概念。我们在托马斯·霍布斯的《利维坦》第 16 章中发现的关于法人的经典定义，因此在巴托鲁斯(1313—1357)的著作中有了先例。巴托鲁斯在他的《新文摘评述》(48, 19；1996)中认为，人工智能体并不是一个真正的人，而且这个作品以真相为名，以便我们法学家建立它："世界是否由人组成的，或者不是由人组成的，都有可能被想象成现实。"这一思想在 19 世纪中叶战胜了法律实证主义和形式主义。在《现代罗马法体系》(1840—1849, ed. 1979)中弗里德里希·奥古斯特·冯·萨维尼(Friedrich August von Savigny)声称，尽管法律可以授予任何主体以人格(如商业公司、政府、海商法的船只等)，但是只有人类自身才能正确地享有权利，承担义务。

另一方面，罗马人将"人格"这一概念也与人类联系起来，也包括女人和奴隶。然而，只有在启蒙运动中，根据"不言自明的真理……所有人都生而平等"(1776 年《美国独立宣言》)，"法律人格"的概念与平等和有权利的思想相互交织在一起。"人们出生并保持自由和平等的权利"(1789 年《法国独立宣言》第 1 条)，直至 1948 年的《世界人权宣言》"人人生而自由，在尊严和权利上平等"。[4] 同样，启蒙运动的一项遗产是通过改革刑事诉讼程序和使法典系统化，以此使法律结构合理化。当人类个体仍然是法律领域唯一可信的行为者时，让动物接受审判的习俗就最终结束了。这并不意味着法律赋予任何事物权利的权力被正式剥夺。相反，推动法律制度合理化意味着，这种法人，例如公司、政府或船舶，其权利和义务应缩减为人的集合，作为其行动的唯一相关来源。

这种矛盾心理在今天关于机器人的法律人格的辩论中产生了反响，正如劳伦斯·索勒姆的开创性著作《人工智能的法律人格》(1992)所示。在这里，索勒姆提出了"一种思想实验，它可以为关于人工智能的可能性的辩论和法律理论中关于身份或人格界限的辩论提供线索"(见前引文，第 1256 页)。这个思想实验涉及美国宪法第十三修正案，以及它是否可以合法地扩展到(某些聪明的)人工智能体。为了确定法律制度是否应赋予机器人独立的法律人格，索勒姆以辩证的方式进行，即考虑到对承认这些人工智能权利的想法可能存在的三种反对意见。正如拉丁柔板"费里亚·蒂米斯"(VeritasFilia Temporis)所说，真理是时间的女儿：作为时代的骄子，索勒姆所考虑的所有反对意见都与当今法律体系中以人类为中心的观点有关。特别是：

(a) "人工智能非人类"(见前引文，第 1258—1262 页)。借鉴启蒙运动的思想，目前的法律制度克服了中世纪的偏见和迷信，最终使人类成为法律领域唯一可信的行为者。法律制度为什么要放弃人类中心主义的立场？ 授予机器人完全法律人格会产生什么好处呢？ 几年前，一些学者宣布智能机器将取代人类，而我们作为一个物种将面临灭绝[5]，但我们究竟为什么要赋予机器人宪法人格的权利呢？

(b) "缺少某些东西的论点"(见前引文，第 1262—1276 页)。机器人缺乏意识、意图、欲望和兴趣等人性决定性要素。根据研究现状，机器人在刑法领域缺乏将责任归属于某人的前提条件。虽然刑事责任和法律人格通过法律上的"人"所要承担的道德责任交织在一起，但一名律师提起民权诉讼，并最终说服美国最高法院，来使机器人被赋予宪法人格的权利，这似乎是一个无望的案例。考虑到自然人的责任取决于他们的理性和良心，尽管人类可能由于严重的心理疾病或情绪和智力不成熟而享有不承担责任的权利。[6]在此基础上，我们是否应该把机器人的人格比作儿童或疯子的权利？

(c) "人工智能应是财产"(见前引文，第 1276—1279 页)。基于约翰·洛克(John Locke)在两篇《政府论》第 25—51 节中关于财产的理论，人们的论点是，机器人是人类劳动的产物，因此，制造机器人的人对机器人拥有所有权。难道洛克的论文不应该是其评判约翰·菲尔默(John Filmer)的《君权论》中父权观点的同一对象吗？(ed. 1991)。换句话说，正如上文所示，一旦机器人被正确地视为现代奴隶。我们为什么要解放他们？ 虽然，在索勒姆的措辞中，"即使奴隶也可以享有宪法权利，但这些权利应当比自由人的权利要少?"(见前引文,第1279页),这些权利是什么? 它们是否涉及"某种程度的正当程序和尊严"(同上)?

值得注意的是,索勒姆认为,否认机器人的人格没有任何法律理由或概念动机:法律应当以理性选择和经验的证明合理地授予人格,而不应当根据迷信和特权(来授予)。索勒姆坚持认为启蒙运动的这一遗产是在主张:"利益和商品感情与情感对照,可以被认为是客观的和公共的,而情感(至少可以说)是第一人称的特权。"(见前引文,第1272页)总之,索勒姆的反论点可以用五点来概括。

首先,关于"人工智能不是人"的反对意见,我们应该预先区分其所依赖的法律人格(如公司的法律人格)以及其没有依赖的人的法律人格。由于自治水平不足以让机器人被刑事法院判定有罪,所以对于机器人行为的新的问责方式(如私有财产)与当今法律制度的以人类为中心的观点相契合,足以证明其在合同领域的影响。此外,严格运用罗马法律机制的特性,将机器人的权利和义务追溯到人类,作为其行为的唯一相关来源,因此承认非人类的法定主体资格,例如,有自主性的私有财产,对当今法律框架没有任何威胁。

第二,关于"缺失某物的论点",本文的所有变体都依赖于第三章导言中所阐述的机器人意图的概念。索勒姆有一个观点,他声称:"如果与普通生活中遇到的人工智能有关的实际事情是将其视为一种有意的系统,那么由约翰·希尔勒的中文房间产生的相反的直觉就不会对法律产生很大的影响。"(见前引文,第1269页)考虑到民法领域(与刑法对照),约翰·希尔勒(John Searle)可能是对的,因为机器人真的不明白自己在做什么,比如说,当它们在限制内从均匀分布的买入价和卖出价中随机选择,它们是不会故意亏损的。然而,从法律的角度来看,这里最关键的不是机器人的自我意识,而是这样一台机器是否能超越人类,例如,在上文第四章第三部分(一)中进行的双向拍卖实验中。

第三,基于人类独特性的"缺失论"是毫无意义的,因为能够表现出这种缺失行为或属性的机器人有高度想象力。一方面,一些学者主张

自由意志是法律人格的前提，然而，论文最后却陷入了物理因果关系的
难题："关于人类自由意志的最可信的故事是，如果行为是以正确的方式
引起的——通过有意识的推理和深思熟虑——那么它就是自由的。但
在这个意义上，人工智能也可以拥有自由意志。"(Solum 1992：1273)另
一方面，索勒姆引用了启蒙运动最受争议的倡导者之一的话："康德的
道德理论可能会让人认为情感是做人的需要，这一假设可能会让人对情
感的存在产生怀疑。"这一观点认为，法律人格从属于体验情感、欲
望、享乐或痛苦的能力。康德认为，所有理性的人和非正义的人都是人
(见前引文，第 1270 页)。尽管这位出身于德国柯尼斯堡的哲学家(指康
德)也可能是错误的，但索勒姆警告说："如果人类的情绪服从自然规
律，那么计算机程序就可以模拟这些定律的操作，这一点也就不足为奇
了，一些人工智能研究人员认为人工智能能够(甚至必须)体验情感。"
(同上)

　　第四，关于"人工智能应该是财产"的论点，索勒姆肯定了人性本
身是有条件的，"我们可以想象，在遥远的将来，科学家能够从零开始
建立一个自然人精密的复制品——从原材料中合成 DNA。但可以肯定的
是，这个人工智能体不会是一个天生的奴隶"(见前引文，第 1278—1279
页)。然而，没有必要设想一个遥远的未来，以显示"财产论"的弱点。
毕竟，我们已经在第四章第四部分(一)和第五章第一部分(三)的案例中
检查过了。在这些案例中，人们雇佣机器人，但是，不去拥有一个机器
人却是符合人们利益的。实际上，这些机器的直接问责制可以在机器人
交易对手的利益之间取得合理的平衡，即合同义务和额外合同义务将得
到履行，并且这些机器人使用者的声明不会因机器的决策而被破坏。

　　最后，反对机器人法律人格的最强论据就是"人工智能不能拥有意
识"(Solum 1992：1264)。这确实是一个关键的问题，因为大多数学者肯
定意识或自我意识是法律人格的一个关键先决条件。例如，在《弥合问
责差距》(2010)一书中，米雷耶·希尔德布兰特等人认为"相关的标准
是自我意识的出现，因为这允许我们把一个实体作为一个可呼吸的主体

来看待，迫使它思考自己的行动，这是故意行动的前提"(见前引书，第558页)。然而，如果事实上今天的人工智能体没有这种能力，索勒姆声称没有人知道明天的机器人是否会达到这个能力，以及在多大程度上达到这个目标。在他的措辞中，"我只是不知道如何给出一个只依赖先验或概念论证的答案"(Solum 1992：1264)。

机器人法律人格的倡导者不仅声称，反对机器人完全人格的论点没有一个是一致的，而且甚至质疑当今法律框架的人类中心基础。正如乔普拉和怀特在《自动化人工智能体的法学理论》(2011：27)中所申明的那样，"原则上，人工智能体在适当的情况下可以满足各种法律人格的条件。我们认为，对他们这种地位的反对是基于人类沙文主义和对法人概念的误解"。

以"自由意志论"为例。根据康德的观点，在神经科学和认知心理学中的最新发现说明我们的自我主权观念，即康德的自主概念，是自我妄想。与人类相反，机器人"只是一个亲程序性机器"这一观点被拒绝，一方面因为我们的生物设计和社会制约以及和机器人的编程相结合，另一方面，有太多的相似之处为了让我们在宣言中感到安慰，"我们没有被编入程序，而人工智能体却明确被编入程序"(Chopra & white 2011：176)。按照这些思路，即使是机器人的道德责任和责任之间的基本界限也会逐渐消失。学者们不应仅仅把这些机器当作相关道德行为的可能来源，即用卢西亚诺·弗洛里迪的"信息伦理"的行话来解释机器人的道德责任。尽管后一种观点表明自己是一个以人为中心，面向接收者和生态的宏观伦理学，所以其目标是"公正和普遍，因为它最终完成了扩大可能被视为一个道德要求的中心"(Floridi 2008：12)，进一步考虑到机器人的"道德意识"是必要的。

根据乔普拉和怀特(2011：166)的说法，"冒着冒犯人道主义者情感的风险，一个合理的原因可能是，人工智能体相比人类可能更守法，因为他们具有更强的识别和记住法律规则的能力"。此外，如果这样一个守法的机器人违反规则，那么法律制度目前惩罚人的原因，如威慑、放逐、教育或树立榜样，都不会毫无意义。劳伦斯·索勒姆(1992：1247)提出的所有"令人困惑的问题"都能得到适当的解决。至于惩罚的威慑理论，乔普拉和怀特声称，遵守义务可以嵌入机器的程序中，这样机器人就可以通过相应地修正其行为来对惩罚的威胁作出反应：用《法律理论》的话说，"惩罚(措施)的现实性威胁可以在最为本能的成本效益分析中被权衡"(见前引书，第168页)。至于惩罚的"罪有应得"功能，使用进化算法和其他奖励法律遵从或道德行为的机制，将使机器人理解为什么它们应该受到某种形式的现实性的谴责：

> 人工智能体在面临法律或道德行为(其行为应得到奖励)和非法或不道德行为(其行为导致适当的惩罚)之间做出正确反应的历史，将会是一个适当的理由，把它们理解为具有可惩罚性的道德敏感性(我们假定智能体能够报告其做出选择的恰当理由)。一个能理解和遵守其法律义务的智能体是足够理性的，可以改变其行为，以避免受到惩罚，至少在这种惩罚导致结果不利于实现其目标的能力的情况下。虽然这可能会瓦解威慑和公正的惩罚功能，但无论如何两者是相关的，因为一个能够被威慑的实体是能够受到惩罚的(Chopra & White，见前引书，第168—169页，斜体补充)。

鉴于这种报复和威慑的情况，不难想象对机器人惩罚的教育作用会引起争论。但是，即使我坚持第五章第二部分中关于人们如何以各种方式训练、对待或管理他们的机器的法律相关性(例如教一个 NAO 机器人如何拉小提琴)，但也应当留有一些区别。此外，我们也应当区分因机器人的损害行为而产生的个人责任(比如 NAO 损坏了您1721年由斯特拉底瓦里制造的"Lady Blunt"小提琴)以及机器人因损害行为而自己承担的责任。我们应该对机器人进行进一步区分，作为人类审查的目标，以及哪些机器人的行为能被"原谅"(Chopra & White 2011：180)。如今下令消灭危险动物的法律制度与以前对动物的审判确实有区别：其原因在于需要区分相关道德行为的来源(例如一只狗或机器人杀害某人)，以及评估这类主体对其行为负有的道义责任。然而，在乔普拉和怀特看来，"这种对人工智能体人格的拒绝，是基于沙文主义的——基于占主导地位的第一人称视角或(准)宗教理由——反对人工智能的共同论据"。

回到第三章第一部分所研究的科幻场景，我们应该承认这样的事实，只要这类智能体成为被赋予自由意志、自主和道德意识的类似人类的设备，那么机器人迟早会是一种法律性质的人，能够对法律义务具有敏感性，甚至容易受到惩罚。然而，与乔普拉和怀特的论断不一致是否必然意味着沙文主义，或是一种顽固的人类中心主义，这是值得商榷的。毕竟，分析的出发点不应被忽视：索勒姆关于我们是否应该赋予机器人宪法权利提出了一个务实而非合乎逻辑的问题。有趣的是，乔普拉和怀特(2011：154)接受了这一点，因为"把人工智能体视为法人大体上是一个决定而不是发现的问题，因为否定或授予人工智能体法律人格的最佳论据将是务实的，而不是概念性的"。

从这一普遍观点来看，机器人在民法领域中是一种受限的人格形式，如数字特有产，这是有意义的。这是一种务实的方法，可以在机器人对手双方的利益之间达成平衡，即履行合同义务和额外合同义务，而且，这些机器人的用户或所有者的要求不会因为他们的机器人的决定造成财产损失。

此外，由于时间是一种稀缺资源，所以务实的观点进一步阐明了在刑法等领域应优先处理哪些案件。如上文第三章第二部分所强调的，我们可以预见会有新类型的犯罪(比如奴役机器人或针对卑微的机器人玩偶的性犯罪)产生，以保持机器人和人类之间的一致性。但是，它不是一种顽固的人类中心主义或沙文主义，现在，我们处理机器人犯罪行为的新型案件比处理虐待机器人事件更加迫切。想想2012年4月10日一部英国纪录片中所记录卫星哨兵项目的情况，该纪录片提供了证据，证明苏丹政府在南科尔多凡州努巴山区用无人机轰炸平民犯下了危害人类罪："令人惊讶的是，最确凿的视觉证据来自苏丹武装部队(SAF)，其形式是苏丹武装部队在轰炸前飞越明显的平民区上空时一架无人驾驶飞机拍摄的视频。证据显示，苏丹政府正在操作伊朗的无人机。"[7]然而，一些学者认为，给予机器人独立法律人格将为当今的法律框架提供一个更加一致的图景，而且机器人的法律人格与合同法中的严格行动能力可能是相关的。因此，我们应该支持主张解放机器人的倡导者，即机器人的独立而非依赖的法律人格，因为这一观点简化了法律理论中几个有争议的问题，并"提供了一个更完整的模拟人类案例"(Chopra & White 2011：162)。因此，让我们在下一部分中深化这些论点，目的是衡量将机器人视为法律上的人的实用主义理由。

（二）务实的立场

机器人法律人格的倡导者声称我们应该同意他们的立场，并提出两个原因，以便仔细评估表 1.1 中的假设 I-1, SL-1 和 UD-1。首先，一些人认为，合同法中严格法定行动能力与机器人的法律人格可能是相互关联的，以防止机器人被视为纯粹的奴隶。在《从〈嘉拉提亚 2.2〉到"沃森"系统之回顾？》(From Galatea 2.2 to Watson—And Back?, 2011)中，米雷耶·希尔德布兰特建议："计算机智能体要有资格成为法定主体，就需要有法律人格。""行动能力"的两种含义都对"机器人"和"其他人工智能"是否具备法律人格提出了问题。然而，没有必要以古罗马法下奴隶的法律地位为例来说明从属或受限制的法律地位形式，如合同法中的代理人，不一定与独立的法律人格形式混淆在一起。例如，欧盟存在了近二十年，没有享有其自身的法律人格。此外，就机器人而言，我们不需要授予它们人格，作为防止"对奴隶制的争论"的一种方式，即"提醒我们过去与机器人之间存在着不舒服的伙伴关系"，并"反映人类在日益技术化的世界中所扮演角色变得持续紧张"(Chopra & White 2011：186)。事实上，法律制度可以判定人类犯下的新罪行，这些人不公正地损坏或摧毁他们的机器人，而不管这些机器的法律人格。一个解决办法可能是让法律指控人类虐待机器人的行为，就像过去几十年为虐待动物而建立的法律体系一样，但这并不意味着机器人能够承受痛苦，

163

169

也不意味着它们会感受到情感(Solum 1992：1270)。更确切地说，这里所涉及的是道德主张中心的概念：作为"信息对象"，机器人确实应该被视为值得尊重和保护的道德客体(Floridi, 2013)。

机器人解放阵线的第二个论点是，赋予机器人人格将为今天的法律框架提供更加连贯的描述。无可否认，机器人与人工智能体的相似之处将简化合同[8]和侵权领域中的一些争议问题。[9]在《自主人工智能体的法学理论》(2011：162)中，乔普拉和怀特断言："赋予人工智能体以法律人格不仅是合同问题的可能的解决办法，而且在概念上比其他代理制度方法更适合没有法律人格的法定行动能力，因为它提供了一个更完整的类似于人的案件。"然而，这些作者并没有坚持认为法律人格是独立的，机器人的法律人格是"结合了人类沙文主义和法律人格误解的概念"。

后一个问题使我们回到前一部分考察过的思想实验，即"在概念上，我们不能预先排除人工智能应该被赋予宪政人格权的可能性"(Solum 1992：1260)。一旦新一代机器人具有像人类一样的自由意志，自主性或道德感得到了组合，律师就有理由准备解决新的犯罪、侵权和合同问题，包括宣布机器人的宪法人格。不过，有两个问题。一方面，我们预见到，在应用的各个方面对机器人进行区分是有理由的。尽管小提琴家 NAO 和日本流行音乐机器人歌手 HRP-4C 可能是赋予合法人格的优秀候选人，但很难看出，比如说，给 ISO 8373 工业机器人，一台用于制造精密医疗仪器的加工机器授予法律人格的意义。此外，我们是否应该遵循彼得·辛格(Peter Singer)的建议，即美国空军的无人侦察机代表着"机器人权利事业的第一步"？[10]换言之，法律体系是否应该赋予像美国陆军全球鹰(Global Hawk)这样的自主，甚至是智能的人工智能体的法律人格？ 我认为，主张机器人有权处理自己事务的法律学者，会承认这一结论是荒谬的。

另一方面，如果我们承认存在能够"在所有相关方面与人类作出的决定相似"的人工智能体(Chopra & White 2011：177)，那么大多数学者会承认，除了犯罪、合同或侵权的概念之外，人的含义和法律人格的含义也会发生变化。在《人工智能的法律人格》(1992：1260)中，索勒姆认为，"鉴于生命形式的这种变化，我们对人的概念可能会发生变化，从而造成人与人之间的分裂"。同样，在《弥合问责差距》(2010：558-559)中，希尔德布兰特等人申明，"完全将非人类实体排除在这种权利和责任之外是没有意义的。他的观点(即索勒姆)认为，这种归因应依赖于实证发现，即新型实体发展某种自我意识并成为有意识的行动的能力似乎是合理的，只要我们记住，这种实体的出现可能需要我们重新思考意识、自我意识和道德行为能力的概念"。然而，没有人知道这种情况会导致什么结果。例如，人工智能律师会是自然法传统的倡导者，会是一种法律现实主义者，还是会与凯尔森纯粹法律学说相反，专注于新机器人秩序的实质性机制？

表 6.1　机器人行为与法律科学的"事实限度"

负责任的机器人	豁免	严格责任	不公正损失
作为法人	科幻场景	科幻场景	科幻场景
作为适格主体	I-2	SL-2	UD-2
作为损害来源	I-3	SL-3	UD-3

事实上，为了避免我们再回到科幻作家的想象中，这些法律概念的意义实际上会脱离律师的实际控制。正如威廉·莱布尼茨(Wilhelm Leibniz)曾经说过的那样，"每个人的心智都有一个关乎它现在的智力、能力的水平线，但不是无关乎他未来的智力水平"(Allison P.Coudert 1995：115)。通过在科幻小说的力量和法律分析的事实极限之间划出界限，我们必须将这些机器的行为责任和实际上的责任联系起来，追溯当今机器人定律的界限。在《自由秩序原理》(Hayek 1960：23)的措辞中，"虽然我们在黑暗中看不到，但我们必须能够追踪黑暗区域的界限"。因此，在可预见的未来，机器人的独立人格很可能不会被列入法律议程。尽管科幻小说对机器人法律的处理通常是解决这一技术的一些法律挑战的有效方法。如上文在第二章第一部分(一)、第三章第一部分和第五章第二部分

(二)中所写到的。机器人的依附性，而不是独立性，虽然在侵权行为法中，对他人行为有新的责任形式，更有可能出于实际原因而具有优先权。表 6.1 可以说明这一结论：把豁免、严格责任和不公正的损害排除在外，因为机器人被认为是适格主体，或被视为损害的来源，这些都是在本章第二部分和本章第三部分中审查的，表 6.1 用粗体更新表 1.1 的第一行。

因此，表 1.1 中列举的九种可能的法律责任情景中的三种，即 I-1，SL-1 和 UD-1，可以排除在出于积极动机的理由之外。 通过扩大分析范围，并考虑到犯罪、合同和侵权领域之间存在的差异，因此应当驳回 27 种可能的情景中的 9 种。如果我们把机器人的豁免和肯定抗辩假设作为刑法领域的适格主体，也就是机器人的独立法律人格的另一个科幻场景。则这些数字会从 10 增加到 27。 在此基础上，关注模型 I-2, SL-2 和 UD-2 的时机已经成熟。

166

二、 机器人作为严格主体

虽然在可预见的未来，机器人很难被承认为独立的法人，即拥有自己的权利和义务，但一些理由表明，应当认真考虑机器人的"严格行动能力"。从法律事实来看，行动能力与人格并不等同，正如古代罗马法中奴隶的例子和 1993 年至 2009 年间欧盟的地位所证实的那样。从务实的角度来看，这是有意义的，因为法学家应该确定人工智能体是否能够履行它们的职责和行使自由裁量权，而不是它们是否能够意识到自己的行为。在《人工智能的法律人格》中，索勒姆通过"责任反对"和"判决反对"(见前引文，第 1244—1253 页)来阐述这一点。用他的话说，"我们已经看到，让人工智能成为法人(即代理人)，作为一个有限受托人，可能具有实际优势，例如成本更低，谋私交易的机会更少。人工智能是否真正的受托人的意见似乎取决于人类是否需要候补。但是，管理数千信托的人工智能也有可能需要在少数情况下将自主决定转交给自然人——也许没有人"(见前引文，第 1254 页)。

在索勒姆的评论发表二十多年后，机器人在合同领域的个人责任得到了几位学者的支持，作为在机器人交易对手对安全交易或与这些机器交互的利益之间取得平衡的一种方式，声称用户和机器人拥有者之间的关系不会因日益增加的自主性甚至不可预测其行为而被破坏。正如上文第四章第四部分(一)强调的那样，新的问责制形式，如数字特有产似乎富有成效，因为这种问责制使得机器人在特定的法定权力范围内行事，或者谁应该承担赋予这种权力的责任，而人类可以规避机器出现故障的责任或归纳和规格错误的责任。除了通过保险模型和认证系统分配风险的传统机制外，这种问责形式可能会清除立法阻碍，采用一些有用的应用程序，如第四章提及的新一代机器人交易员、i-Jeeves 和 AI 司机。

在这种情况下，让我们重新评估表 1.1 中与案例 I-2, SL-2 和 UD-2 有关的这些想法。从理论上讲，重点应放在豁免(I-2)、无过错责任(SL-2)和不公正损害赔偿(UD-2)这九种不同的情形上，包括机器人作为刑法、合同和侵权行为的严格主体。然而，只有其中六种情况，即 I-2、SL-和 UD-2 关于合同义务和合同外义务的案件在法律上是相关的，只要机器人既不是独立的法人，也不承担刑事责任。与传统上对机器人作为法律系统中其他主体的损害来源和责任来源的规定不同，即案例 I-3, SL-3 和 UD-3，这里所涉及的是法律如何通过机器人直接问责的形式来管理责任案件。根据假设 I-3, SL-3 和 UD-3，立法者显然可以决定为这两种情况制定相同类型的规则，如将机器人交易员以及机器人玩具简单地按照潜在伤害的来源来对待。然而，相反的做法是毫无意义的，那就是，将机器人玩具作为机器人交易员来订立合同或者为商业行为。那么，在合同和侵权中机器人被称为严格主体的背景下，I-2(豁免)、SL-2(严格赔偿责任)和 UD-2(不公正损害赔偿)的特殊性是什么。

以豁免假设为开端，这种不负责任的情况可以用这样的情况来说明，机器人不应被约束在民事(与刑法对照)法律领域。根据《意大利民法典》第 1256 条，《瑞士民法典》第 119 条等，人类之间合同可撤销的原则可适用于机器人交易员。但是，除了这种边缘假设之外，我们不应该错过一个关键点：在合法性原则的名义下，无罪推定是刑法中的默认规定，因此检察官必须根据特定的规范或法规证明被告有罪，豁免权是民法中的例外。因此，很难想象哪类机器人活动会事先援引法律的安全港作为合同领域的严格主体来逃避责任，就像第二章第二节第一部分提到的互联网服务提供者的豁免地位一样。事实上，我们必须回到科幻作家的想象中，设想机器人在那里事先逃避责任的情况。这就留下了四种可能的情况需要研究，对这些机器的合同义务和额外义务，即严格责任(SL-2)和不公正损害赔偿(UD-2)的假设。

首先，根据某些学者的观点，如柯蒂斯·卡诺在《分布式人工智能的责任》中的观点，可以在合同领域"图灵注册表"的基础上强制执行严格责任制度(见前引文，第193—196页)。换言之，机器人和其他人工智能体将对它们所造成的伤害或损害负严格责任，以此作为应对其行为日益不可预测的一种方式，因此难以"逐案挑出'负责任'的原因"(见前引文，第191页)。通过获得认证的人工智能，注册管理机构将确保机器人的所有者和使用者免受有害行为的风险，从而在保护机器人的所有者或使用者的利益免受机器的不可预见的行为之间取得平衡，要求人类交易对手安全地与他们交互或交换。机器人的智能性越高，风险越高，因此根据卡诺的说法，风险越高，保险费越高(同上)。

然而，没有必要将这种严格的责任政策作为合同领域的"一刀切"解决方案。正如在第四章第三部分(二)中，机器人的意图在合同行为的法律效果受到严格审查时是相关的，因为人类确实委托这类机器进行认知任务。以代理人过错为依据的责任分配比无过错责任规则更有效地分配了这些机器行为的风险和责任，因为人工智能体的认知状态的法律效力应根据现有的商业和民法惯例进行评估。与之对应的人类必须意识到一个错误，即由于机器人的不稳定行为(例如涉及协议的实质内容)，人类无法避免这种情况的通常后果似乎是合理的，那就是合同的废止。相反，应当允许与之对应的机器人真诚地期望机器宣布的意思，例如合同报价，这样机器人就不能逃避责任，声称它不打算缔结协议。

诚然，这种由个人过失引起的责任形式在侵权领域似乎更成问题。尽管将责任归属于机器人可以防止一些与因其他人的行为而产生的额外合同义务有关的困难，但在可预见的未来，严格的责任制度将更有效。然而，在许多情况下，第三方(而不是负责照顾其他主体的个人)处于防止伤害或损害的最佳位置，因此应该将这些第三方视为"成本最低的避险者"。正如第五章第二部分(二)和第五章第四部分提到的，考虑第三方应该意识到机器人行为异常，因为这种行为显然是错误的。例如，被告可能会争辩说，第三方的疏忽甚至故意的不法行为引发或者至少同意机器人引起的危害。

169

借鉴这些论点，我们的模型可以更新。撇开机器人的豁免权、严格赔偿责任和不公正损害赔偿责任，认为这些机器人是损害的来源，如下文表 6.3 所示，表 6.2 补充了表 6.1 中科幻小说的情景，机器人在合同和侵权领域被视为适格主体，这给机器人法律带来了挑战。结论总结在表 6.2 的第二行中：

表 6.2　民法领域的机器人责任界限

机器人行为	责任	豁免	严格责任	不公正损害
作为法人	所有领域	科幻场景	科幻场景	科幻场景
作为适格主体	合同，侵权	边缘	为什么不?	为什么不?
作为损害来源	(……)	(……)	(……)	(……)

到目前为止，我们已经考虑了机器人行为的 27 种可能的法律责任方案中的 18 种。前一部分中有 10 种假设被排除在外，因为机器人的刑事责任不受追究，而且缺乏独立的法律人格。通过否定对合同和侵权行为豁免作出的大多数假设，即 I-2，本部分重点讨论了 4 个案例，即表 6.2 在严格责任和不公正损害案件中总结的机器人对合同义务和额外合同义务的直接责任。

然而，这一框架不完整，因为机器人作为民法领域的严格主体的个人责任和义务并不排除此类机器人可能享有权利。可以说，这些机器日益增长的自主性和不可预测性，使我们优先考虑了有关其行为的可靠性和可信度问题，但这并不是说保险机制的需求和其他形式的保证不应该以相反的方式应用。虽然提到了人工智能体的独立法律人格，但乔普拉和怀特(2011：188)正确地强调，"即使在电子商务环境下，形成更深层次商业关系的一个重要部分将是人与人工智能体之间是否会产生信任"。一些人，如海伦·尼森鲍姆在《确保在线信任》(2001)中所说，信任必然依赖于规范社会，即人类互动的共同规范和道德价值观。另一些人确认，信任并不一定意味着一种可识别的、直接的人际交往，而且，克里斯蒂安·卡斯特尔弗兰奇(Cristiano Castelfranchi)和里诺·法尔科内(Rino Falcone)在《多智能体系统下的信任原则》(1998)中声称，人工智能体之间的信任是可行的。尽管如此，这一问题需要时间，因为只要信任的行为鼓励更多的信任，就会产生积极的结果，因此，通过作出授权的决定，以及对信任的期望，这是一个必然需要时间的问题。这种递归效应解释了为什么在过去几年中有人提出了一些中间解决办法，例如"特殊规范体系"，机器人拥有权利和义务，并享有充分的法律主观性。这一地位不会得到法律制度的直接承认，而且对合同各方仍然具有约束力。在软件智能体领域，这是乔瓦尼·萨尔托尔在《认知自动机和法律》(2009：283)中提出的机制。

一旦这一机制的车轮被润滑，信任的递归函数效应被触发，这种机制很可能会逐渐延伸，就像罗马律师通过奴隶的特性所做的那样。在这种情况下，完全自主的机器人交易员自己使用资产和投资组合，符合机器人所有者或用户的利益，即机器人对手方的义务将得到满足。同样，法律制度也可以为机器人和它们自己的相互利益建立各种形式的担保，例如，当人类对机器人形成侵权或者赔偿机器人遭受的直接损失时，要支付保险。在上文第四章第五部分(一)人工智能司机的例子说明，技术进步、经济利益、政治游说和法律机制之间复杂的互动关系。尽管内华达州州长在6月签署了一项法案，授权在公共道路上使用自动驾驶汽车，但这位人工智能司机的特有产可能会以传统的保险形式来担保，这只是时间问题。这一组合将保证第三方不会在道路上发生事故，而保险政策同样可以在第三方引发的事故中保证机器人的安全。这种解决方案似乎特别适用于在新罕布什尔州这样的不推行强制汽车保险的地方。

三、善恶之源

过去十年间，机器人在军事领域大量应用，而与军事领域一道，其也在工业和服务业领域中得到了广泛传播。如今，我们和诸多清洁机器人、测量机器人、检查机器人、娱乐机器人、残障助理机器人、太空旅行机器人、餐饮制造商机器人、纺织皮革生产商机器人、狩猎机器人、捕捞机器人、矿业机器人、农业机器人、医生机器人、护士机器人、科学家机器人、学术及公关助理机器人打着交道。迄今为止，如同对待过去的技术创新，已出台法律体系对机器人应用的方方面面进行管理。既不是主体，更谈不上法学领域的人，机器人已被视为设计师、制造商、供应商和机器用户的责任来源而接受监管。法律的规范任务因此开始涉及对机器人的行为负责，因为机器人的行为可能是危害社会的基本要素，也有可能需在刑法和民法角度对其不当行为所造成的损害进行赔偿。除预警原则以及监管部门的行政权力外，法律应对机器人所带来挑战的方式主要以严格责任技术的运用为中心。这是我们通过机器人打手现象学的各个步骤确定而来的，在合同与侵权行为领域，人们需对因此类机器造成的损失或伤害承担责任，无论违禁或有罪行为。传统法律观点因此认定机器人具有动物和儿童的危险倾向，或者相反地，危险的活动以及潜在的危险伤害来源。

鉴于严格的责任规范，作为现行法律体系的默认规则，一个重要例外体现在刑法的豁免条款上。在这一点上，指导原则允许个人以法制原则和法治的名义规避责任。尽管大多数机器人犯罪都是传统犯罪类型，

171

是由人类的犯罪意图所控制的无罪运用手段,但我却始终坚持认为这与20世纪90年代首次出现的新一代计算机犯罪是并行的。机器人很有可能会在刑法领域造成新一代漏洞,会迫使立法者在国家和国际层面同时进行干预。然而,根据法制原则,这种豁免条件有时是合法的。第三章第三部分的焦点在于有关战争法、人道主义和人权法的国际协定。第三章第五部分关注的焦点在于宪法规范和法定权利。两个案例的目的都在于强调只要机器人的使用不会违反体系的基本规范,比如宪法保障,那么执法人员、政治当局以及军事指挥官一般都会得到保护。

将机器人视为对系统内其他主体造成伤害并承担个人责任的根源,这种传统框架引发了三种担忧。首先,就当今的严格责任政策而言,它意味着存在很多弊端,需要对政策进行调整,比如因疏忽造成的责任形式或此前章节调查的机器人直接问责形式。无过错责任条款可以有效地分配风险和责任,比如曾有很多故障误差案例,其中的第三方都以最小代价规避了风险。此外,严格责任原则也可能阻止人们发明和使用许多富有成效的应用,比如家用及个人使用的服务型机器人。新技术往往是危险的,因此严格责任原则通常代表了相应缩减这类活动的相关技术(Posner 2007)。但其中的一些原则在适用于机器人领域时,则更带有成本效益分析的痕迹,而并非合理结果。[11]

172

其次,就当今的刑事豁免条款而言,我们应该把那种人类有时会因损坏或销毁机器人而受到指控的新型犯罪,与战争法及国际人道主义法等领域中涉及豁免条款的案例区分开来。如第三章第三部分(三)所述,使用机器人士兵的关键点在于使这些机器具备区分敌我能力的设计技术难点,以及遵守军事行为准则(比如在士兵和平民之间适当使用武力或区别对待)的技术难点。与此前化学、生物或核武器方面的技术进步同样的是,由于类比并不足以确定是否应将各种类型的自主武器视为非法,因此迫切需要达成国际协议。联合国大会与秘书长潘基文在本书出版前一直保持沉默,但值得注意的是,使用机器人士兵的豁免条件与在民用领域使用工业和服务机器人的无过错责任密切相关。从这种观点来看,较之对于恣意妄为的全面防控，现行刑事豁免条款更像是一种特权问题。

第三，机器人自由化倡导者建议追究滥用机器人人士的责任，我们可以追随他们的步伐。实际上，在对比机器人保护与蓄意破坏、故意滥用权力等案件中的现行制裁措施时可能并不能采用类比法。但根据机器人自由化的观点还应反向适用原则，所以即使这一技术的应用被认定非法，机器人也能有目的地代表人类审查的目标，比如监控和修改、无备份移除或删除。[12]尽管这些惩罚性制裁并不直接涉及机器人的所有者，但仍会对所有者产生影响，因为在学习和适应层面，机器人会引发越来越多有关它与人类互动的心理问题。回想机器人与儿童和动物的对比，上述第五章第二部分曾有所强调，在个人使用及家用机器人案例中，人类应通过应对机器人的内在需求来满足它的社会驱动力。合法清除或销毁这类机器人有时甚至比当今计算机犯罪领域的"三振出局"一说更为严重。

在后一个案例中，人类作为分级体系的一部分，在因侵犯版权而受到三次警告后被暂时从互联网中驱逐了出去。在机器人案例中，出于个人使用或家用的目的而监控、修改、清除或删除某些机器人让我们想起了陀思妥耶夫斯基在第3章开头所引用的句子："有良心的人会因他[即机器人]的错误而备受煎熬。那将是坐牢般的惩罚。"

在将机器人视为对系统内其他主体造成损害及责任根源的问题上，可以用一个表格来总结对于现行机器人相关法律的质疑。这是对表6.1中的科幻场景以及对表6.2中由被视作合同与侵权行为领域适格主体的机器人所引发的问题的补充。来看一下表6.3的最后一行：

表6.3　对于现行法律将机器人视为损害根源的质疑

机器人行为	责任	豁免	严格责任	不正当损失
作为法人	所有领域	科幻场景	科幻场景	科幻场景
作为严格主体	合同，侵权	边缘	为什么不?	为什么不?
作为损害来源	所有领域	创新	现状	创新

概括来说，传统方法与对机器人新政需求之间的区别要求我们继续

将现行无过错责任原则作为系统的支柱，但应通过减少刑事豁免案件和加入新的过失责任条款来对现有法律框架进行修正。这种观点与前一节的结论相同，民法(与刑法对照)领域不需要新的豁免政策，但合同义务和合同外义务却似乎都需要新的责任机制。这意味着有九分之四的机器人行为责任案件应在紧张状态下作出裁决，即：

(a) 照顾机器人并对其行为承担责任人员的豁免(表 1.1 的 I-3)；

(b) 被设想为合同法领域代理的机器人的严格责任(表 1.1 的 SL-2)；

(c) 被视为合同代理机器人的相关不公正损害赔偿(表 1.1 的 UD-2)；

(d) 被视为法律系统内其他主体的责任根源的机器人的相关不公正损害赔偿(表 1.1 的 UD-3)。

更具体而言，鉴于刑法、合同法与侵权法之间的差别，27 个案件中应有 8 件受到审查；即有关政治当局、军事指挥官以及新一代机器人犯罪刑事豁免的 I-3，有关合同内及合同外机器人义务的 SL-2 和 UD-2，以及有关所有法律领域人员的 UD-3。我们将在下一部分单独对这些案件进行审查。

四、复杂性的层级

复杂性本身就是一个复杂的概念。在 1999 年的一次由麻省理工学院和圣达菲研究所共同主办的复杂工程学会议上，赛斯·劳埃德(Seth Lloyd)精确描述了 31 个复杂性层组，描述、复制并确定了可被视为如细菌或投资计划般复杂的组织的等级。两年后，他在《IEEE 控制系统》杂志上发表了论文(1999, 2001)，将复杂性层组增加到 42 个。在这一点上，可以参考格雷戈里·蔡廷(Gregory Chaitin)提出的有关信息的复杂性概念，这一概念可以用来阐明通过法律确定技术开发创新合法性条件的三个不同方面的目标。随着信息量的增长和理论压缩的减少(Chaitin 2005)，法律作为一种元技术的现象将变得更加复杂。一旦掌握了法律在信息压缩方面的复杂性，再去分析当前有关简化法律的争论以及从信息角度理解法律的三种不同方式就会变得很有成效。本节的目的在于确定当今的法律体系管理机器人技术一事的复杂性对于法律复杂性会产生何种影响。复杂性的三个不同层级见图 6.2：

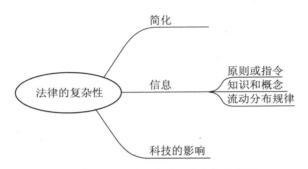

图 6.2　机器人治理中的法律复杂性层级

首先，可以将"法律的复杂性"这个公式理解为与简单对立，甚至还会被加以意识形态目的。举个例子，在《复杂世界的简单规则》一书中，作者理查德·爱泼斯坦指出"法律规则的复杂性倾向于把决策权放在那些缺乏必要信息的人手中，而这些人的私利导致他们以社会破坏性方式使用信息。"与简化形成对比的是，即使是公共组织和机构也通常指向复杂，以强调复杂立法所带来的焦虑恐慌的恶劣影响。这种观点在法国尤为盛行，最高行政法院在《公共报告》(2006)中对此进行了总结，该报告关注的焦点在于法律、复杂性及全球化："我们的法律日益复杂，已经成为我们社会和经济脆弱的主要来源。"

这些观点对于法律的可及性是非常重要的，当错综复杂的法规最终成为法律迷宫时，法制原则就处于危险之中了。《英国评级与估值法》第 67(1)条就是这种既复杂又有危害性法规的典型："如果因将这一法案应用到特殊领域或在制作某领域第一份评估单时产生困难……[卫生]部长可奉命解决困难，成立评估委员会，或者宣布正式成立评估委员会，也可以采取其他的、他认为可确保清单制作的必要有利措施。"[13]值得注意的是，1988 年 3 月 24 日，意大利宪法法院宣布该国刑法第五条部分内容无效。该法院裁定，法律的制定方式导致了模糊矛盾结果的产生，也是造成公民对法律无知的原因(判决编号 364/88)。

但从法律的异常状态中并未得出简单规则可以保证系统透明化的规律，根据爱泼斯坦(Epstein)的观点。立法者虽然赞同采用简单的条款，但预计最终法律的进化程度仍然有限，对于系统两个成分之间的动态连接仍然一知半解。复杂性可以指通过学习和演化过程来适应环境的多智能体系统的属性，比如复杂的信号和信息机制，而并非惊人般错综复杂的同义词。这些系统的特点在于集体行为，集体行为源自由独立个体组成的大型网络，尽管并没有任何中央控制或简单的操作规则对它进行指导。当今有关人工智能和法律复杂性的著作更加明确了这种观点(Casanovas et al. 2010)，这些著作涉及网络理论、法律知识管理、信息谈判系统、法律本体论、软件智能体系统等领域。法律作为元技术的三个基本点通过法律在信息层面的复杂性得到了突出体现，反之亦然：

176

(a) 法律作为一套用来确定其他信息对象的规则或指令的规范复杂性；

(b) 知识和概念制定出了共同法律术语的功能和表述；

(c) 法律信息分布制度取决于作为网络边缘和直径长度的统计属性。

总体思路是复杂性并不一定会造成不确定性或法律混乱。相反，根据《法律、立法与自由》所述，复杂性是了解深思熟虑的人类安排与自发秩序的形成两者之间显著差别的关键所在。分析法律复杂性的最后一步应该在于分析法律旨在治理的内容，即机器人技术的复杂性。考虑到技术会对法律专业知识产生影响，因此应进一步检查概念的设置以及法律推理设置设计、建造及使用机器人的合法性条件的方式。

(a) 机器人技术的进步似乎并未影响现行法律体系原则制度的案例，比如表 1.1 中的 I-1、 SL-1、 UD-1 以及某些 SL-3 案例；

(b) 机器人技术影响现行法律框架的支柱，类比的使用以及法律原则使律师能够提出明确解决方案的案例，比如表1.1中的I-2、某些SL-3以及UD-3案例；

(c) "未能通过判决就分类条件的适用性达成大体一致"的案例(Hart 1994：123)。表1.1中的I-3、SL-2、UD-2以及某些UD-3案例就代表了这种疑难案例。在这种情况下，政治决策有时要比法律知识更能起到重要作用。

法律是社会控制手段的传统观点，以及本书所述的有关法律的目的在于治理技术进步和革新的抽象级别，这两者之间的差别是本章第四部分(一)的关注点所在。考虑到机器人技术对于现行法律体系的影响，本章第四部分(二)更加深入地对这种影响的复杂性的不同层级进行了阐释。

（一）社会控制技术 177

我一直坚持用"法律作为元技术"的公式设置适当的抽象级别，即设置分析的特点和可观察量，这种分析事关治理技术法律的目的。这种分析并不涉及法律现象的本质，而是涉及复杂的权力设置、系统的原则和规定。法律凭借这些确定合法性的条件以及设计、建设、供应并使用技术制品的责任。从这个角度来看，个人发现自己面临着法律责任问题的条件，以及以不同方式使机器人在应用时被视为人、适格主体或系统内其他主体的责任源的条件引起了特别关注。至于豁免条款、严格责任以及过错责任，这一抽象级别识别了27个有关机器人应用行为的可观察量以及犯罪、合同与侵权行为领域应在压力状态下进行审判的具体案件。回过头再看以公式"如果有A，则有B"总结的因果关系和正式问责概念，表1.1中的I-3、SL-2以及UD-2&3案件的系统规范结果在根本上似乎是困难或有问题的。

但这种法律上的元技术立场不应与通过物理制裁强制执行的法律观念相混淆(Kelsen 1945/1949)。通过检查由机器人应用引发的损害或损害假设(A)所产生的法律后果(B)，法律通过权力、原则及规定的设定，旨在为技术进步与创新设定合法性条件，而这一点虽然重要，但也仅是法律秩序的一部分。回到上一节提到的复杂性思想的不同方法，请考虑《法律、立法与自由》(1973)第一卷第 2 章的内容，哈耶克从法律上区分了立法者(或者说自发行为反应)的调控力度，这既是一个渐进的过程，也是一个自发的秩序，也就是说，在这点上，哈耶克的观点与科斯莫斯是一致的。这种区分至关重要，因为信息立法者需要指导法律的演变过程，例如：机器人法律就远远超过了任何政治规划的能力。用哈耶克的话来说，"我们主要的争论之一将是非常复杂的秩序，包含比任何大脑所能确定或操纵的更特殊的事实，只有通过诱发自发秩序生成的武力使用才能引发此类事实"(见前引书，第 38 页)。第五章第四部分(二)对复杂性的这两个层次进行了评估，其预防原则及其对立面和开放性则正在审查之中。

在此情况下，美国最高法院自 1997 年 6 月起开始对 CDA 案件作出裁决，这很好地说明了科斯莫斯在分类法则的不可约性，从而为开展科学研究和开发技术应用提供了强有力的论据。[14] 作为违约规则，举证责任应落在那些认为某种技术无法合法使用或存在威胁、或其风险超过潜在利益的人身上。目前关于雇用机器人士兵的合法性的辩论，正是围绕着此种举证责任的分配展开的。

对法律制度如何确立技术发展的合法性和责任条件的关注，必须强调另一个原因，即："法律作为元技术"这个公式不能被理解为该观点(即：法律是一种用于社会控制的方法或技术)的变体。尽管法律可对技术进步和创新产生影响，但技术也会影响到法律的原则与支柱：迄今为止，我们已看到 27 个机器人行为责任案例中已有 8 个需进一步调查。考虑到刑法、合同与侵权行为之间的具体差异和相似性，这些案例竟占九分之四：参见上文本章第三部分与表 6.3。撇开科幻场景与"照常的合法经营"不谈，即：机器人技术的进步似乎不会影响当今法律体系中的原则和规则的情况，图 6.3 列举了面临法律压力的案例：

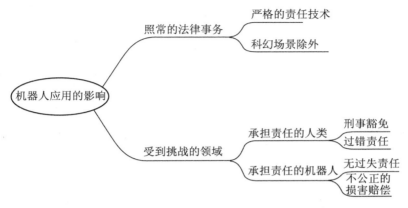

图 6.3 机器人对作为元技术的法律的四项挑战

首先来看刑事豁免条款。除在战争中使用机器人士兵外，对刑事豁免条款的修改还涉及机器人犯罪团伙的新类型犯罪，甚至针对他们机器犯下的罪行来起诉人类。这些问题在上文第三章第四部分(一)及上述章节中均讨论过。

其次，认可严格责任规则并非是由于需要修改现有的一些豁免条款。如上文第三章第五节、第四章第三部分(二)和第五章第二部分(二)所述，在所有法律领域中，对过失的责任和其他类型人身过失而非无过错责任的新规定似乎是必要的。

第三，侵权法中以疏忽为基础的赔偿责任案例建议将以下案件进行区分，即：对把机器人作为人类工业的手段所引发的简单案件与将其作为主体在民法(与刑法对照)中引发的一些疑难案件进行区分。第四章第四部分(一)和第四章第五部分(一)调查了一些与机器人对其自身合同权利和义务的问责制相关的方案，例如数字化特有产、登记和保险模式。加上对当前刑事豁免条款的修正，这是立法者最迫切干预的领域。

第四，如上文第五章第三部分和本章第三部分所述，机器人行为的严格责任和过失责任条款在侵权领域是存在一定道理的，因为机器人在其工作活动之外损害第三方的假设是存在问题的。此外，对于这种情况，还应考虑与家庭和个人应用相关的机器人，例如机器人玩具和机器人保姆。上文第五章第四部分和本章第二部分中还强调了对新机器人政策的需求，以处理这些机器在侵权领域激起的不公平的损害赔偿。

但对于以下两类情况，仍有必要作出最终区分，即：在类比及其他解释原则允许律师提供解决方案的案例，和需要作出政治决定而非法律专门知识的案例之间做出区分。这种区分使我们回到了一种辩论中，即：法律的存在及其内容是否可以根据其自身来源来确定，以及是如何来确定的。机器人的自主权在法律上造成的不同影响最终回应了这一点，即：我们应该解决由技术带来的疑难案件。

（二）政治要求

我们对机器人技术的法律影响所引起的不同复杂程度的分析与表 6.3 和图 6.3 的法律观察结果进行了总结。毋庸置疑，如上文第五章第四部分(一)所述，在机器人犯罪、合同及侵权行为的研究上，可通过增加更多领域来提升分析的复杂性及模型的复杂性，例如行政法，及监管当局在民用无人机证书授予方面的法律责任。然而，该观察量足以将简单案例从复杂案例中区分开来，在复杂案例中，分类条款的实用性引发了一般性争议。该争议还涉及刑法豁免权及刑法和侵权行为过失的条款，侵权法中与机器人的不合理行为相关的条款，以及与机器人交易员的业务、协议相关的条款。律师应当如何处理该等疑难案件？

正如赫伯特·哈特在《法律概念》(1961：128)一书中所说的那样，一些人认为"对于各种情况引发的问题，我们不能将其看作好像存在一个唯一的、正确的答案可以被我们发现，而应将其区分为是多种冲突之间的合理妥协"。其他人则提出了一种依赖制度原则的解决方案，此种解决方案被视作一种带有道义论意义而非目的论意义的规范性陈述。通过遵循是或否的逻辑，或遵循对所有人都有好处的逻辑，罗纳德·德沃金赞同此观点，即声称可为每个案例找到"正确的答案"。法学家应确定符合既定法律的制度原则，以便以最佳方式对案件进行解释。正如德沃金在《原则问题》(1985)一书中所指出的那样，这一努力强调了法律与文学之间的平行关系，也正如上文第二章第一部分(一)所强调的那样，因为我们"必须通读过去其他法官所写的内容，这不仅是为了发现这些法官都说了些什么，或者他们说话时的心态，还要对这些法官集体完成的事情达成一致意见，这是因为我们中的每位小说家都对迄今为止写的集体小说形成了一种看法"（见前引书，第 159 页）。虽然"包括布莱恩·巴利(Brian Barry)和约瑟夫·拉兹(Joseph Raz)在内的一些评论家均认为：我已改变了关于一个正确答案这一主张的性质及其重要性。"德沃金在《身披法袍的正义》一书中回顾性地声称(2006：266)："但不管怎样，我并未做到这一点。"

无论德沃金是否改变了主意，在某些情况下，普遍的分歧取决于这样一个事实，即：存在多个正确的答案。尽管类比法和有原则的法律推理有时提供了明确的解决方案，但一些问题通常仍然是公开的，因为刑事过失案件、合同中的主体资格及侵权法政策在机器人法律中都有说明。由于美国和意大利模式之间的比较在侵权责任领域表现出不同的传统、习俗及不同的法律文化，因此各种解决方案各不相同，例如：基于疏忽的责任形式与传统的无过错责任政策。这似乎就是《法律帝国》一书最终提出的建议："对于赫拉克勒斯(Hercules)从一般概念到特定判决所采取的每条路线，另一位始于同一概念的律师或法官会找到不同的路线，并在不同的地方结束，正如我们的样本案例中几位法官所做过的那样。他会以不同的方式结束，因为在论证中，他迟早会在某个分支点放弃赫拉克勒斯并依从自己的想法。"(Dworkin 1986：412)

尽管如此，还是存在一系列更深层次的情况，其中普遍的分歧更多地依赖于不同的道德和政治假设，而非法律专业知识的技术性。根据克里斯托弗·海恩斯 2010 年向联合国大会提交的报告的措辞，除了"是否应允许致命武力全面自动化这一根本问题"外，还应考虑是否该设立新的机器人违法行为，以及在何种程度上设立该违法行为。这是国际立法者依据 2001 年 11 月布达佩斯《网络犯罪公约》作出的选择。鉴于目前关于——在机器人军事技术领域，某种类型的无人机设计是否应被视为合法行为这一争论，以及应该如何设计这种人机交互的新环境，在法律专业知识

181

的基础上进行合理妥协而非寻求正确答案是至关重要的。

不可否认，有些类型的机器人设计(比如 NAO 或 HRP-4C)与《乔的库房》(Joe's Garage)中扎帕(Zappa)所称赞的 TeleFunkenU-47 的设计一样可爱，但在充斥着机器人和其他人工智能体的世界中，有必要采取多种政治决策。在传统领域，这点已经显现，其焦点不仅在于游戏玩家的责任，还在于游戏设计者的责任。到目前为止，这种新环境的法律设计在数据保护法、版权和计算机犯罪等领域均悬而未决。请反思今天有关网络过滤、智能环境透明度、个人数据和知识产权保护、物联网自由和环境智能监控的辩论。立法者塑造网络人际交往环境的方式必然影响人类与机器人的互动方式。法律如何为技术的生产和使用确立合法性条件(即凯尔森的"A")，以便在出现问题时确定谁应负责("B")，这一点与人机交互新环境的好坏一样重要。本书的结论解决了这一最后的问题。

注释

1. 论文引用洛利(2008)和克劳德(2008)讨论的格雷戈里·蔡廷的作品(2005)。
2. 见上文第二章介绍部分。
3. 见上文第二章第三部分。
4. 见上文第二章第三部分(二)。
5. 见上文第二章导言，莫拉维奇(1999)和库兹韦尔(2005)的作品说明了这一点。
6. 见上文第二章第三部分(二)。
7. Jonathan Hutson，苏丹武装部队涉嫌拍摄他们自己的无人驾驶飞机的录像，于 2012 年 4 月 25 日可在 http://satsentinel. org/blog/sudan-armed-forces-implicated-video-capture-their-own-drone 上检索到。
8. 见上文第四章第五部分(一)。
9. 见上文第五章第三部分(一)。
10. 见上文第六章第一部分。
11. 见上文第四章第三部分(二)和第五章第四部分(二)。
12. 见上文第二章第三部分(一)。
13. Bingham(2011:48-49)，增加斜体。
14. 见上文第五章第四部分(一)。

第七章

结　论

对人类的经验理解得越充分,越能做出好的设计。　

史蒂夫·乔布斯:《下一个好得出奇的事》

(Steve Jobs, The Next Insanely Great Thing)

《连线》杂志(Wired), 1996 年 2 月

根据以主格或是宾格方式来理解公式的属格关系,"机器人法"可以从两个方面来解读。如果将公式理解为宾格,则提醒了我们将这些机器人视为法律规制对象的传统观点,这些法律制度明确了机器人造成损失或损害时人类责任的条件。相反的,如果将公式理解为主格,公式强调机器人作为采取行动的主体,应当受到法律的规制。除了机器人解放阵线以及关于这些机器的完备人格的主张,我们已经见识了在民法(与刑法相对照)领域出于实用主义原因而赋予机器人受限制的人格的情况。针对机器人行为的新形式的责任能够在合同当事人之间,或者合同外义务当事人之间取得良好平衡。除了"机器人法"公式的主格或宾格用法,关注的焦点还在于在法律框架内人类和机器被想象为游戏玩家。通过讨论人类—机器人互动的责任条件,在刑法、合同法和侵权法下我

们分析了 27 种假设。这些分析的目的是准确描述处在压力之下的机器人法的情况。

尽管如此，法律管控科技的目的并不必然地仅与法律领域中的机器人有关，因为这一目的还关系到构成人类—机器人互动环境的条款和标准。游戏玩家和游戏设计者之间的这种区别在法律领域并不新奇。这反映在传统的强制执行方式上，比如在路上安装减速带来降低汽车速度(除非司机们选择损伤自己的汽车)。另外，当下的信息革命迫使法律体系通过产品和程序设计来诉诸更为复杂的强制执行方式，比如空间和场所结构。在《网络空间法典和其他法律》(Code and Other Laws of Cyberspace, 1999)中，劳伦斯·莱斯格痛惜于缺乏关于设计对社会关系和法律系统功能的影响方面的研究，值得注意的是这一空白在仅仅几年内就被填补了。现在已经有了关于隐私、普遍可用性、知情同意、犯罪控制和自我约束技术等方面的作品。[1] 不足为奇的是，目前已经有了多种设计进路，比如在数据保护法(例如隐私设计)、版权(例如英国 2010 年数字经济法"DEA"中确立的过滤系统)、计算机犯罪(例如避免黑客攻击的信息安全系统)等。这些机制的目的在于构建目前在线互动的环境，同时它们还关系到该如何设计一个充斥着机器人和人工智能体的世界。根据诺曼·波特(Norman Potter)在《什么是设计者》(What is a Designer, 1968. new ed. 2002)中的评论，实现我们这个世界形式的设计概念应当分别理解为三种不同的方式，也就是设计空间(环境设计)、物体(产品设计)和信息(交流设计)。这些不同方面的设计在图 7.1 中有阐明：

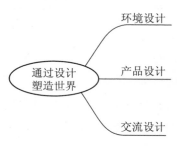

图 7.1 设计的三种类型

为了说明第一种类型的设计，思考一下人们的匿名以及在公共场合保护他们隐私的问题。比如闭路电视即"CCTV"的使用激增并且看起来无法阻止，设计出公共交通网络中的视频监视系统从而使个人的面部不被识别的做法是可行的。欧洲数据保护的有关部门在他们的文件《隐私的未来》(The Future of Privacy, WP29 2009)中提出的建议可以扩展应用到民用无人摄影机，正如前文第三章第四部分(一)和第四章第五部分中讨论的。

设计的第二种类型与产品影响其使用者的行为和保护他们权利的方式有关。考虑一下将个人信息匿名处理视为优先的情况，此时设计就涉及如何组织数据处理程序和产品的问题。一个典型例子是医院通过信息系统处理病人姓名：此处病人的姓名应当通过智能卡等类似手段，与医疗数据或健康状况数据保持相互独立。从法律视角来看，设计问题与缺陷产品有关，并且这种直接导致原告遭受伤害的令人惋惜的缺陷在产品仍受到制造者控制时就已经出现。在涉及达芬奇机器人故障的穆拉切克诉布林莫尔医院一案中，产品设计问题至关重要。

最后，作为交流设计的例子，则有针对 Facebook 数据保护政策的公众投诉。几年以前，这个社交网络在 2010 年 5 月 26 日宣称"彻底简化和改进了隐私控制"，而过去则有 50 项数据保护相关设置下 170 个不同选项。不管 Facebook 的缺省记录是否有效地被设置为仅记录使用者的姓名、简况、性别和社交网络，此处应当强调的是互动和交流是如何取决于界面的设计。在 Facebook 的例子中，"好友"应当不再被自动地包括在信息流中，同时使用者可以最终关闭平台申请，比如游戏、小工具等。在机器人的例子中，关于交流设计的一个例子是前文第五章第二部分中讨论过的从事看守工作的 HRI。根据这一机器人中心进路，目的是设计出人类能与之回应的、具有情感和社交需求的机器人。

设计的另一种区分方式是根据对象，即地点、产品和有机体。后者是关于通过 OGM 技术培育的植物、转基因动物比如挪威三文鱼或者近期处于争论中的人类、后人类和半机械人。这些工程设计在前文第五章

185

第四部分(一)和第六章第五部分(一)中都讨论过。一方面，法律体系的预警原则越来越接近高度敏感技术的风险和威胁。另一方面，根据我们的生物设计和社会制约的结合与一些智慧型机器人的编程之间的相似性，我们讨论过机器人解放阵线的理论(Chopra & White 2011：176)。

在这一语境中，设计的另一个方面也是非常相关的，也就是决定人机互动环境如何建构的不同目标。通过在技术中植入法律规制，目的可以是鼓励社会行为的变化，抑或是降低造成损害的行为的影响，甚至是避免这种行为的发生。图 7.2 总结了这种进一步的关于设计的进路：

图 7.2　设计的技术进路

为了说明设计的第一个目标，可以举出机器人交易员的例子，以及工程师们是如何试图通过基于信赖(比如荣誉机制)或交易(比如交换服务)的激励来计划它们的行为。通过用户友好界面或者透明化设置选项的方式扩展选项范围，这种设计也会起到鼓励行为改变的作用。这就是当界面进行增加或减少系统默认设置的修改，从而允许用户以自认为合适的方式安装和使用软件时会发生的。

设计的第二种形式的例子是安全措施。这时设计的目的并不是鼓励或者引导人类和机器人改变他们的行为，比如在道路上安装减速带是为了使人工智能驾驶员减速。相反的，设想一下能够降低造成损害的行为影响的气囊。这些机制可以预先采取行动：比如 ICT 界面的缺省配置能够保证设计的价值对于新手使用者而言是恰当的，并且同样能够提高系统的效率。

设计的最后一个目的是在这个语境下相关度最高的。在很多案件中，立法者和私人公司都试图通过采取自我约束技术来避免社会行为的发生。比如在版权和知识产权领域，绝大多数的努力都放在如何通过数字权利管理(DRM)系统的发展来保护这些排他性权利。通过授权给权利持有人严格规范他们自己的版权保护工作的使用，公司能够避免关于国家规范的强制性和国际层面法律冲突这两个无法解决的问题。史蒂夫·乔布斯在他的《关于音乐的思考》(Thoughts on Music 2007)中引人注目地承认数字权利管理兼容系统带来了严重的互操作性方面的挑战以及因此产生的反垄断问题。不仅如此，个人行为将会在技术基础上被单方面决定，而不是相关政治制度的选择。

这种类型的环境设计在网上受到目前政策的推进。中国等一些国家建立起能够进行路由劫持和指向路由空洞的过滤器和重路由系统，确保个人只能访问国家认可的网络路径。其他国家，比如西方民主政权和专制政权，则支持包含"三振出局"论的渐进系统，在给出涉嫌侵犯版权的三次警告后，将切断使用者与网络的连接。2010 年 12 月，欧盟的部分成员国提议采取过滤器系统来控制网上信息的流动，这也有家长主义的风险，因为一些立法者想要保护人民，甚至是要防范立法者自己。比如一些版本的"隐私设计"(privacy by design)原则和在每一个 ICT 系统中处于默认地位的自动保护个人数据的意图。这个想法是隐私保护应当在任何信息被收集之前就发挥作用(Cavoukian 2010)。这种自动控制在保护和执行数字版权时仍然表现出比使用数字权利管理技术更多的问题，因为数据保护不能代表数字环境下取得和控制信息的选择之间任何自动"零和游戏"。的确如此，当一个人根据环境和情况来调整这些信息取得和控制的不同层面时，个人选择扮演着主要角色。此外，要通过规范、权利和义务的构成来适用律师所采用的机器的传统定义存在技术性困难。这种困难已经在本书第二章讨论阿西莫夫的小说、第三章谈到军事机器人的研究现状和第四章讨论机器人交易员的一些种类等处多次强调过了。事实上，当概念和关系成为演进的主题，在降低系统的复杂性

187

时，规范化保障通常会受到环境的高度影响，并且带来显著的问题。据我所知，要通过软件编程来避免像诽谤那样简单的会导致损害的行为仍然是不可能的：这些限制强调了以声称完美的自我约束技术为基础的设计的关键方面。这一问题反映在三个方面：

第一，这会带来家长主义的传统形式更新的风险，在家长主义下，个人行为将会单方面地在自动技术的基础上确定，而非由个人在取得和控制信息的层面上选择："对访问内容的控制并非法庭批准的控制；对访问内容的控制是由编程者进行编码的控制。"(Lessig 2004)

第二，应当注意到实现这种总体控制的困难。疑问来源于"'传统的'基于规则的监管的理论与实践方面的丰富知识，见证了以法律规则的形式制定出完全合乎要求的设计规范标准是不可能的"(Yeung 2007)。

188　　第三，特定的设计选择可能会导致价值之间的冲突，反之，价值之间的冲突也可能会影响设计的特征："一些技术人工制品能够直接地、系统性地影响到特定结构的社会、道德和政治价值的实现或抑制。"(Flanagan et al. 2008)尽管法律体系能够让我们克服价值之间的很多冲突，但是似乎在这些领域采用自我约束技术作为数据或版权保护会让价值之间的冲突更激烈。考虑一下特定设计选择的影响，比如选择加入与选择退出之间(the opt-in vs. opt-out)关于信息系统使用者设置的争论。

考虑到今天关于设计如何影响网上互动的争论，我们需要限定分析的焦点，讨论设计在机器人法中扮演的角色。除了促进人工智能体改变行为(比如减速带)，或降低导致损害的行为的影响(比如气囊)的设计，人工智能汽车的设计本来就应当能够根据周边环境的输入来停车或者减速。此时，通过采用驾驶员检查机制和巡航控制、盲点监控和交通标志识别、预碰撞方案等来彻底避免有害行为发生，这对机器人系统的安全性产生了影响。这些系统将会越来越多地与在线的网络知识库连接，这能让机器人共享现实世界中物体识别、导航和完成任务所需要的信息。因此人工智能汽车行为的环境被设计为复杂的多智能体系统，允许维护和安全承包商、交通调度员和网络控制人与自动或半自动机器进行互动，从而避免碰撞冲突、沟通干扰和环境问题等。考虑到这个系统的复杂性，有人认为这会导致无法建立法律上的因果关系(比如Karnow 1996)。某些人建议事故控制的最好方法是通过严格责任政策削减行为规模(Posner 1973：180)。还有人主张由人工智能体负责管理的社会和技术交易应当被收回至人类控制下(Teubner 2007：21)。然而这些笼统的概括很难与机器人法相适应：有些机器人应用，比如自动化致命武器和一些类型的机器人交易员，的确挑战了法律的基本支柱，其他的机器人应用，比如达芬奇机器人、NAO、 HRP-4C等则不涉及这种情况。因此，本书的目的是向外行介绍机器人法的普通案件，从而区分存在一般共识的案件和机器人士兵、机器人交易员或人工智能驾驶员所引发的疑难案件。

通常表现为事实与价值、描述与规范问题，这些不同层面的分析由马克斯·韦伯(Max Weber)的价值中立(Wertfreiheit)理念进行了权威总结。用他的话说，"区分经验知识和价值判断的能力，以及履行科学责任来发现事实真理和拥护我们自己理想的实际责任，共同构成了我们希望能够越来越坚定地追随的计划"(Weber 1904, ed.1949：58)。就本书的描述性方面而言，目的是为了展现在设计、制造和使用机器人的管理规则和法律责任的后果方面仍然存在较强的共识。除了机器人应用和它们周围环境设计的复杂性，如何处理法律责任问题，法学家一般同意根据刑法中共犯案件责任模型(第三章)、民法中由双方之间自愿协议确定的责任(第四章)，或由侵权法中由危险行为的观念决定的严格责任(第五章)。在上述所有情况中，并不存在意味着要将机器人收回人类控制的法律上因果关系的失败。

另一方面，就本书的价值判断部分而言，分析包含了两个不同的步骤。首先，识别分类条款的适用性会带来一般性分歧的情况：这随后引出了第三章第三部分(四)中关于机器人士兵的分析、第三章第五部分中过失犯罪和法律上因果关系问题的交织、第四章第三部分(二)中的合同问题、第五章第三部分中的严格责任政策等。这些疑难案件在第六章中通过表6.3和图6.3进行了总结：借助法律原则、概念和法律推理方法等

189

法律支柱面临压力的不同原因。分析的第二步是关于一个正确答案是否即将到来，法律系统是否反而更能接受替代的解决方案，或者政治决策是否需要通过比如国际协定才会被接受。在这个基础上，通过强调哪些疑难案件应当优先解决，我们此时要在今天的争论中选择立场。

首先，适用于战场上的机器人士兵的规则应当有最高优先级，因为它们对环境和人类有危险影响。目前的战争法、国际人道主义法和人权公约的原则和规定并不对致命性武器能否完全自动化，或者这些机器的使用应当受到哪些参数和条件的约束等关键问题进行控制，比如美国空军主张他们的无人飞行器在利用武器保卫自己方面享有与人类相同的权利。一种解决方法是将机器人设计为仅能以武器为攻击目标或者仅能在特定情况下操作。此外，监控和核实机制应当考虑到确定政治和军事决策的核心，否则会由于网络化操作越来越高的复杂性和致命性机器的微型化而导致难以监测。鉴于有四十多个国家正在开发自动化武器和其他类型的机器人士兵，这就是一个并不存在唯一正确答案，而是要在诸多冲突利益中进行合理妥协的典型案例。正如过去数十年间国际公约在诸如化学、生物和核武器、地雷等领域对技术革新进行控制，现在急需一份由联合国发起的协定来明确合法使用机器人士兵的条件。

第二，在合同法领域有一系列关于机器人责任的疑难案件。传统观点将机器人仅仅当作当事人的工具，因此人类当然地受到人工智能体所有操作的约束，但是与此相反，我们必须考虑新的责任政策。的确如此，很多案件表现出第三人，而非对机器人负有注意义务的人，在避免伤害或损害时处于更有利的地位，因而该第三人就能够以最小成本回避风险。此外，在合同领域将特定类型的机器人视为适格代理人更为合乎情理，因为这些机器的法定行动能力显示出人类的确给机器人委派了关键的认知任务。这个解决方法不仅使传统观点的几个缺点不再相关，比如机器人是否在一定的法律权力范围内行动，谁应当对授予这些权力负责，或者使用者和操作者是否能期待逃脱机器可能出现故障而带来的责任。更重要的是，机器人的个人责任指出了一个卓有成效的方式，能够

190

在不同的人类利益之间，也就是机器人交易对方对于安全的交易和与机器人互动的利益，以及机器人使用者和所有者不被机器人日益增长的自主性甚至是不可预测的行为所摧毁的诉求之间寻求平衡。

第三，机器人个人责任以及过失责任条款的新机制可以适当地扩张至侵权领域。此时关键的是区分人类在可预见的未来将要面对的不同类型的机器人。比如说，针对机器人交易员行为的个人责任在侵权法上是合理的，因为机器人在它们的工作活动之外损害第三人的假设看起来是有问题的。反之，在前述第三人能够以最小成本回避风险的情况下，过失责任条款能够取代目前的一些严格责任规则。尽管如此，对待家庭和个人用途的服务型机器人，关于这些机器人行为责任的大多数问题是开放的。法律体系能够根据美国的家长责任来设想机器人，因而被告需要证明他们的机器人不存在对于类似应用来说不典型的任何危险倾向或特性。或者，根据意大利家长在合同外责任领域的责任模型，当证据证明被告无法阻止机器人的有害行为，或者发生了偶然的介入事件时，被告可以逃避责任。就像德沃金说的，可能的答案远远不止一个。

第四，还应当注意到机器人作为无辜手段被人类犯意(mens rea)利用的情况。除了战争犯罪和反人类罪，比如 2012 年 4 月苏丹政府操作伊朗无人机在南科尔多凡省努巴山区屠杀平民，越来越多地被用于变造美元的机器人，被用于珠宝抢劫的小型无人机，或者被哥伦比亚毒品贩子利用的无人水下载具。迄今为止，这些机器人的犯罪行为可以根据现行刑法规定进行起诉，尽管如此，在面对迫使立法者介入的新类型的机器人犯罪时，并不需要科幻的想象，这就像是立法者在 20 世纪 90 年代初面对新类型的计算机犯罪时采取的做法。尽管很难预测这些新的机器人犯罪行为将会采取怎样的伪装，我们可以设想能够自动收集并将信息上传至云服务器的复杂的以网络为中心的机器人应用，因而复制和传播这些数据会导致对目前的隐私保护、版权条款、交易秘密等的侵犯。然而不管这些犯罪的特定内容是什么，这些场景很可能涉及上文提到的人机交互的环境设计。

一个解决方法是使用自我约束技术，就像是在机器人士兵的案例中

191

197

提议的那样，来避免会导致伤害的行为发生。机器人解放阵线认为，任何针对这些设计政策的批评，比如家长主义和个人自主性的其他道德威胁的风险，都不能在事实上适用于机器人。不仅如此，很多西方立法者坚持认为这些措施，比如自动的隐私设计和过滤系统，适合于在线互动的秩序维持。总而言之，为什么我们不把很多政治人物提议的针对今天人类互动的环境设计应用于未来的机器人？ 以避免导致损害的行为发生的方式来设计机器人难道不是一件好事吗？

当然，这些政策在避免机器人引发意外战争、经济崩溃或交通突发事件方面是必须的，将会有越来越多的案例与此相关。然而除了实现这种全面控制的技术困难，还有很多家庭和个人用途的服务型机器人，比如第四章中提到的 i-Jeeves 2.0。此时，自我约束技术的使用很可能不仅能避免机器人行为的发生：通过单方面决定在人工智能体从网络存储库中收集人机交互和完成任务所需的信息时应当如何行动，这种设计政策还可能会侵犯个人权利和自由。通过机器人的设计来模仿人类行为的风险可以通过其他设计政策和新形式的法律责任加以处理，比如数字特有产。类似地，安全措施，比如用户友好设置选项或 ICT 界面配置的默认机制，尽管允许机器人改进自己的效率，但能够确保设计的价值对于初级用户来说是适合的。然而更多的设计的例子表现出自我约束技术的采用并非总是必需，有时甚至是有害的，我们因此要避免结论性的泛化。法律可以通过塑造人机交互环境的规则和条款来控制技术而不必求助于自我约束技术。如果无需赋予机器人应用以人性，那么我们也不应当将人类生活变得机械呆板。

注释

　　1. 参见例如 Shneiderman(2000), Friedman et al. (2002), Katyal(2002, 2003), Borning et al. (2004), Zittrain(2007)。

参考文献

Allen, Tom, and Robin Widdison. 1996. Can computers make contracts? *Harvard Journal of Law & Technology* 9(1): 26–52.

Allen, Colin, Gary Varner, and Jason Zinser. 2000. Prolegomena to any future artificial moral agent. *Journal of Experimental and Theoretical Artificial Intelligence* 12: 251–261.

Alston, Philip. 2010. *Report of the Special Rapporteur on extrajudicial, summary and arbitrary executions*. UN General Assembly, Human Rights Council, A/HRC/14/24/ Add.6, 28 May.

Andonian, Sero, et al. 2008. Device failures associated with patient injuries during robot-assisted laparoscopic surgeries: A comprehensive review of FDA MAUDE database. *The Canadian Journal of Urology* 15(1): 3912–3916.

Andrade, Francisco, Paulo Novais, José Machado, and José Neves. 2007. Contracting agents: Legal personality and representation. *Artificial Intelligence and Law* 15: 357–373.

Aristotle. 1984. *Metaphysics*. Trans. W.D. Ross. In *The complete works of Aristotle*, ed. J. Barnes, vol. 2, 155-2-1728. Princeton: Princeton University Press.

Arkin, Ronald C. 2007. *Governing lethal behaviour: Embedding ethics in a hybrid deliberative/hybrid robot architecture*, Report GIT-GVU-07-11, Georgia Institute of Technology's GVU Center, Atlanta, GA.

Asaro, Peter. 2008. How just could a robot war be? *Frontiers in Artificial Intelligence and Applications* 75: 50–64.

Asimov, Isaac. 1985. *Robots and empire*. New York: Doubleday.

Asimov, Isaac. 1995. *The complete robot: The definitive collection of robot stories*. London: Harper Collins.

Barfield, Woodrow. 2005. Issues of law for software agents within virtual environments. *Presence* 14(6): 741–748.

Barrio, Fernando. 2008. Autonomous robots and the law. *Society for Computers and Law*. Retrieved from http://www.scl.org/site.aspx?i=ho0.

Bartneck, Christoph, Juliane Reichenbach, and Julie Carpenter. 2006. Use of praise and punishment in human-robot collaborative teams. In *Proceedings of the RO-MAN 2006 – The 15th IEEE international symposium on robot and human interactive communication*, Hatfield.

U. Pagallo, *The Laws of Robots: Crimes, Contracts, and Torts*, Law,
Governance and Technology Series 10, DOI 10.1007/978-94-007-6564-1,
© Springer Science+Business Media Dordrecht 2013

Bartolus de Saxoferrato. 1996. Digestum Novum. In *Commentaria*, vol. 6. Roma: Il Cigno, Galileo Galilei.

Beck, Ulrich. 1992. *Risk society: Towards a new modernity*. London: Sage.

Bekey, George A. 2005. *Autonomous robots: From biological inspiration to implementation and control*. Cambridge, MA/London: The MIT Press.

Bellia, Anthony J. 2001. Contracting with electronic agents. *Emory Law Journal* 50: 1047–1092.

Bingham, Tom. 2011. *The rule of law*. London: Penguin.

Borden, Lester S., Paul M. Kozlowski, Christopher R. Porter, and John M. Corman. 2007. Mechanical failure rate of Da Vinci robot system. *The Canadian Journal of Urology* 14(2): 3499–3501.

Borning, Alan, Batya Friedman, and Peter H. Kahn. 2004. Designing for human values in an urban simulation system: Value sensitive design and participatory design. In *Proceedings of eighth biennial participatory design conference*, 64–67. Toronto: ACM Press.

Breazeal, Cynthia. 2002. *Designing sociable robots*. Cambridge, MA: MIT Press.

Calude, Cristian (ed.). 2008. *Randomness and complexity. From Leibniz to Chaitin*. Singapore: World Scientific.

Canning, John S. 2008. Weaponized unmanned systems: A transformational warfighting opportunity, government roles in making it happens. In *American Society of Naval Engineers' (ASNE) Proceedings of Engineering the Total Ship (ETS) symposium*, Falls Church, VA.

Čapek, Karel. 1920. *Rossum's universal robots*. Trans. C. Novack. New York: Penguin (2004 edn).

Casanovas, Pompeu, Ugo Pagallo, Giovanni Sartor, and Gianmaria Ajani (eds.). 2010. *AI approaches to the complexity of legal systems. Complex systems, the semantic web, ontologies, argumentation, and dialogue*. Berlin/Heidelberg: Springer.

Castelfranchi, Cristiano, and Rino Falcone. 1998. Principles of trust for MAS: Cognitive anatomy, social importance, and quantification. In *Third international conference on multi-agent systems*. Paris, France: IEEE Computer Society.

Cavoukian, Ann. 2010. Privacy by design: The definitive workshop. *Identity in the Information Society* 3(2): 247–251.

Chaitin, Gregory. 2005. *Meta-math! The quest for Ω*. New York: Pantheon.

Chopra, Samir, and Laurence F. White. 2011. *A legal theory for autonomous artificial agents*. Ann Arbor: The University of Michigan Press.

Cicero. 1999. *On the commonwealth and on the laws*, ed. J.E.G. Zetzel. Cambridge: Cambridge University Press.

Clarke, Roger. 1993. Asimov's laws of robotics: Implications for information technology. *IEEE Computer* 26(12): 53–61.

Clarke, Roger. 1994. Asimov's laws of robotics: Implications for information technology. *IEEE Computer* 27(1): 57–66.

Comanducci, Paolo. 1986. Le tre leggi della robotica e l'insegnamento della filosofia del diritto. *Materiali per una storia della cultura giuridica* 36(1): 191–197.

Coudert, Allison P. 1995. *Leibniz and the Kabbalah*. Boston/London: Kluwer.

Croce, Benedetto. 1907. *Riduzione della filosofia del diritto alla filosofia dell'economia*. Bari: Laterza.

Datteri, Edoardo. 2011. Predicting the long-term effects of human-robot interaction. *Science and Engineering Ethics*, 29 July. (epub ahead of print.)

Dautenhahn, Kerstin. 2007. Socially intelligent robots: Dimensions of human-robot interaction. *Philosophical Transactions of the Royal Society B: Biological Sciences* 362(1480): 679–704.

Davis, Jim. 2011. The (common) laws of man over (civilian) vehicles unmanned. *Journal of Law, Information and Science* 21(2). doi:10.5778/JLIS.2011.21.Davis.1.

Dennett, Daniel. 1987. *The intentional stance.* Cambridge, MA: MIT Press.

Dennett, Daniel. 1997. When HAL kills, who's to blame? In *HAL's legacy: 2001's computer as dream and reality,* ed. D. Stork, 351–365. Cambridge, MA: MIT Press.

Diamond, Jared. 2005. *Collapse. How societies choose to fail or succeed.* London: Penguin.

Doorn, Neelke, and Sven Hansson. 2011. Should probabilistic design replace safety factors? *Philosophy and Technology* 24(2): 151–168.

Dworkin, Ronald. 1982. Law as interpretation. *Critical Inquiry* 9(1): 179–200.

Dworkin, Ronald. 1985. *A matter of principle.* Oxford: Oxford University Press.

Dworkin, Ronald. 1986. *Law's empire.* Cambridge, MA: Harvard University Press.

Dworkin, Ronald. 2006. *Justice in robes.* Oxford: Oxford University Press.

Elishakoff, Isaac. 2004. *Safety factors and reliability: Friends or foes?* Dordrecht/Boston/London: Kluwer.

Epstein, Richard Allen. 1995. *Simple rules for a complex world.* Cambridge, MA: Harvard University Press.

Epstein, Richard G. 1997. *The case of the killer robot.* New York: Wiley.

Ewald, William B. 1995. Comparative jurisprudence (I): What was it like to try a rat? *University of Pennsylvania Law Review* 143: 1889–2149.

Filmer, Robert, 1991. *Patriarcha and other writings.* Cambridge: Cambridge University Press.

Flanagan, Mary, Daniel C. Howe, and Helen Nissenbaum. 2008. Embodying values in technology: Theory and practice. In *Information technology and moral philosophy,* ed. J. van den Hoven and J. Weckert, 322–353. New York: Cambridge University Press.

Floridi, Luciano. 2007. Artificial companions and their philosophical challenges. *E-mentor* 5(22): 84–86.

Floridi, Luciano. 2008. The method of levels of abstraction. *Minds and Machines* 18(3): 303–329.

Floridi, Luciano. 2013. *Information ethics.* Oxford: Oxford University Press.

Floridi, Luciano, and Jeff Sanders. 2004. On the morality of artificial agents. *Minds and Machines* 14(3): 349–379.

Foster, Caroline. 2011. *Science and the precautionary principle in international courts and tribunals.* Cambridge: Cambridge University Press.

Franklin, Stan, and Art Graesser. 1997. Is it an agent, or just a program? A taxonomy for autonomous agents. In *Intelligent agents III. Proceedings of the third international workshop on agent theories, architectures, and languages,* ed. J.P. Müller, M.J. Wooldridge, and R. Nicholas, 21–35. Berlin: Springer.

Freitas Jr., Robert A. 1985. The legal rights of robotics. *Student Lawyer* 13: 54–56.

Friedman, Batya, Daniel Howe, and Edward Felten. 2002. Informed consent in the Mozilla browser: Implementing value-sensitive design. In *Proceedings of 35th annual Hawaii international conference on system sciences,* 247. Los Angels: IEEE Computer Society.

Gogarty, Brendan, and Meredith Hagger. 2008. The laws of man over vehicle unmanned: The legal response to robotic revolution on sea, land and air. *Journal of Law, Information and Science* 19: 73–145.

Goldberg, Ken, Eric Paulos, John Canny, Judith Donath, and Mark Pauline. 1996. Legal tender. In *ACM SIGGRAPH 96 visual proceedings, August 4–9*, 43–44. New York: ACM Press.

Gordley, James. 2006. *Foundations of private law: Property, tort, contract, unjust enrichment*. Oxford/New York: Oxford University Press.

Grodzinsky, Francis S., Keith A. Miller, and Marty J. Wolf. 2008. The ethics of designing artificial agents. *Ethics and Information Technology* 10: 115–121.

Habermas, Jürgen. 1996. *Between facts and norms*. Cambridge: Polity Press.

Hall, Storrs J. 2007. *Beyond AI: Creating the conscience of the machine*. New York: Prometheus.

Hallevy, Gabriel. 2011. Unmanned vehicles – Subordination to criminal law under the modern concept of criminal liability. *Journal of Law, Information, and Science* 21(2). doi:10.5778/JLIS.2011.21.Hallevy.1.

Hanson, Randall K. 1989. Parental liability. *Wisconsin Lawyer* 62: 24–28.

Hart, Herbert L.A. 1961. *The concept of law*. Oxford: Clarendon (2nd edn, 1994).

Hayek, Friedrich A. 1960. *The constitution of liberty*. Chicago: University of Chicago Press.

Hayek, Friedrich A. 1982. *Law, legislation and liberty: A new statement of the liberal principles of justice and political economy*. Chicago: Chicago University Press.

Hildebrandt, Mireille. 2010. *Criminal liability and 'smart' environments*. Conference on the philosophical foundations of criminal law at Rutgers-Newark, August 2009.

Hildebrandt, Mireille. 2011. *From Galatea 2.2 to Watson – And back?*. IVR world conference, August 2011

Hildebrandt, Mireille, Bert-Jaap Koops, and David-Olivier Jaquet-Chiffelle. 2010. Bridging the accountability gap: Rights for new entities in the information society? *Minnesota Journal of Law, Science & Technology* 11(2): 497–561.

Himma, Kenneth E. 2007. Artificial agency, consciousness, and the criteria for moral agency: What properties must an artificial agent have to be a moral agent? In *2007 Ethicomp proceedings*, 236–245. Tokyo: Global e-SCM Research Center & Meiji University.

Hobbes, Thomas. 1999. In *Leviathan*, ed. R. Tuck. Cambridge: Cambridge University Press.

HSC. 2007. *The sigma and delta scans*, research commissioned by the UK Office of Science and Innovation's Horizon Scanning Centre. *Foresight Annual Review 2007*, at 23.

JCSS. 2001. *Probabilistic mode code: Part 1—Basis of design*. Joint Committee on Structural Safety.

Jin, Linda X., Andrew M. Ibrahim, Naeem A. Newman, Danil V. Makarov, Peter J. Pronovost, and Martin A. Makary. 2011. Robotic surgery claims on United States Hospital websites. *Journal for Healthcare Quality* 11 (published online on 17 May).

Jobs, Steve. 2007. *Thoughts on music*. Retrieved at http://www.apple.com/hotnews/thoughtsonmusic/ on 22 Aug 2012.

Jonas, Hans. 1979. *The imperative of responsibility: In search of ethics for the technological age*. Chicago: University of Chicago Press.

Kahn, Peter H., Batya Friedman, Deanne R. Pérez-Granados, and Nathan G. Freier. 2006. Robotics pets in the lives of preschool children. *Interaction Studies* 7(3): 405–436.

Karnow, Curtis E.A. 1996. Liability for distributed artificial intelligence. *Berkeley Technology and Law Journal* 11: 147–183.

Katyal, Neal. 2002. Architecture as crime control. *Yale Law Journal* 111(5): 1039–1139.

Katyal, Neal. 2003. Digital architecture as crime control. *Yale Law Journal* 112(6): 101–129.

Kelly, Kevin. 2010. *What technology wants*. New York: Viking.

Kelsen, Hans. 1934/2002. *Pure theory of law*. Trans. B.L. Paulson and S.L. Paulson. Oxford: Clarendon.

Kelsen, Hans. 1945/1949. *General theory of the law and the state*. Trans. A. Wedberg. Cambridge, MA: Harvard University Press.

Kerr, Ian. 2001. Ensuring the success of contract formation in agent-mediated electronic commerce. *Electronic Commerce Research Journal* 1: 183–202.

Knight, Frank H. 1921. *Risk, uncertainty and profit* . Chicago: Chicago University Press. (reissue 2005 by Cosimo, New York.).

Krishnan, Armin. 2009. *Killer robots: Legality and ethicality of autonomous weapons*. Burlington-Surrey: Ashgate.

Krishnan, Armin. 2011. UVs, network-centric operations, and the challenge for arms control. *Journal of Law, Information, and Science* 21(2). doi:0.5778/JLIS.2011.21. Krishnan.1.

Kurzweil, Ray. 2005. *The singularity is near*. New York: Viking.

Latour, Bruno. 2005. *Reassembling the social: An introduction to actor-network-theory*. Oxford: Oxford University Press.

Lee, Seong Jae, Amy Greenwald, and Victor Naroditskiy. 2007. RoxyBot-06: An (SAA)2 TAC travel agent. In *IJCAI'07 proceedings of the 20th international joint conference on AI*, 1378–1383. San Francisco: Morgan Kaufmann.

Lerouge, Jean-François. 2000. The use of electronic agents questioned under contractual law: Suggested solutions on a European and American level. *The John Marshall Journal of Computer and Information Law* 18: 403.

Lessig, Lawrence. 1999. *Code and other laws of cyberspace*. New York: Basic Books.

Lessig, Lawrence. 2004. *Free culture: The nature and future of creativity*. New York: Penguin.

Levy, David. 2007. *Love and sex with robots: The evolution of human-robot relation-ships*. New York: Harper.

Lin, Patrick, George Bekey, and Keith Abney. 2008. *Autonomous military robotics: Risk, ethics, and design*. Report for US Department of Navy, Office of Naval Research. Ethics + Emerging Sciences Group at California Polytechnic State University, San Luis Obispo, CA.

Lloyd, Seth. 1999. *31 measures of complexity*. Complexity in engineering conference, co-sponsored by MIT and the Santa Fe Institute, 19–20 Nov, Cambridge, MA.

Lloyd, Seth. 2001. Measures of complexity: A nonexhaustive list. *IEEE Control Systems* 21(4): 7–8.

Locke, John. 1988. In *Two treatises of government*, ed. P. Laslett. Cambridge: Cambridge University Press.

Lolli, Gabriele, and Ugo Pagallo (eds.). 2008. *La complessità di Gödel*. Torino: Giappichelli.

Lorenz, Karl. 1971. Part and parcel in animal and human societies. In *Studies in animal and human behavior*, vol. 2, 115–195. Cambridge, MA: Harvard University Press. (first edition 1950.).

Luck, Michael, Peter McBurney, Onn Shehory, and Steven Willmott. 2005. *Agent technology: Computing as interaction*. AgentLink III, The European Coordination Action for Agent-Based Computing (IST-FP6-002006CA).

MacKie-Mason, Jeffrey K., and Michael P. Wellman. 2006. Automated markets and trading agents. In *Handbook of computational economics*, vol. 2, ed. Leigh Tesfatsion and L. Judd. Amsterdam: Elsevier. Available at SSRN: http://ssrn.com/abstract= 974921.

McDaniels, Timothy, and Mitchell J. Small. 2004. *Risk analysis and society*. Cambridge: Cambridge University Press.

McFarland, David. 2008. *Guilty robots, happy dogs: The question of alien minds*. New York: Oxford University Press.

Michaelson, Greg, and Ruth Aylett. 2011. Special issue on social impact of AI: Killer robots or friendly fridges. *AI and Society* 26(4): 317–328.

Miller, Ross M. 2008. Don't let your robots grow up to be traders: Artificial intelligence, human intelligence, and asset-market bubbles. *Journal of Economic Behavior and Organization* 68(1): 153–166.

Moravec, Hans. 1999. *Robot: Mere machine to transcendent mind*. London: Oxford University Press.

Mosneron-Dupin, Fabrice, et al. 1997. Human-centered modeling in human reliability analysis: Some trends based on case studies. *Reliability Engineering and System Safety* 58(3): 249–274.

Nissenbaum, Helen. 2001. Securing trust online: Wisdom or oxymoron? *Boston University Law Review* 81: 101–131.

Pagallo, Ugo. 2010a. Robotrust and legal responsibility. *Knowledge, Technology & Policy* 23: 367–379.

Pagallo, Ugo. 2010b. The human master with a modern slave? Some remarks on robotics, ethics, and the law. In *The "backwards, forwards and sideways" changes of ICT*, ed. M. Arias-Oliva, T.W. Bynum, S. Rogerson, and T. Torres-Corona, 397–404. Tarragona: Universitat Rovira I Virgili.

Pagallo, Ugo. 2010c. As law goes by: Topology, ontology, evolution. In *AI approaches to the complexity of legal systems. Complex systems, the semantic web, ontologies, argumentation, and dialogue*, ed. P. Casanovas, U. Pagallo, G. Sartor, and G. Ajani, 12–26. Dordrecht: Springer.

Pagallo, Ugo. 2011a. The adventures of Picciotto Roboto: AI and ethics in criminal law. In *The social impact of social computing*, ed. A. Bissett, A. Light, A. Lauener, S. Rogerson, and T. Ward Bynum, 349–355. Sheffield: Sheffield Hallam University.

Pagallo, Ugo. 2011b. Killers, fridges, and slaves: A legal journey in robotics. *AI and Society* 26(4): 347–354.

Pagallo, Ugo. 2011c. Robots of just war: A legal perspective. *Philosophy and Technology* 24(3): 307–323.

Pagallo, Ugo. 2011d. Designing data protection safeguards ethically. *Information* 2(2): 247–265.

Pagallo, Ugo. 2011e. Guns, ships, and chauffeurs: The civilian use of UV technology and its impact on legal systems. *Journal of Law, Information and Science* 21(2). doi:10.5778/JLIS.2011.21.Pagallo.1.

Pagallo, Ugo. 2012a. Three roads to complexity, AI and the law of robots: On crimes, contracts, and torts. In *AI approaches to the complexity of legal systems. Models and ethical challenges for legal systems, legal language and legal ontologies, argumentation and software agents*, ed. M. Palmirani, U. Pagallo, P. Casanovas, and G. Sartor, 40–48. Dordrecht: Springer.

Pagallo, Ugo. 2012b. Robotica. In *Manuale d'informatica giuridica e diritto delle nuove tecnologie*, ed. M. Durante and U. Pagallo, 141–155. Torino: UTET.

Pagallo, Ugo. 2013. What robots want: Autonomous machines, codes, and new frontiers of legal responsibility. In *Human law and computer law: Comparative perspectives*, ed. M. Hildebrandt and J. Gaakeer. Dordrecht: Springer.

Plato. 2006. *The Republic*. Trans. R.E. Allen. New Haven: Yale University Press.

Popper, Karl R. 1935/2002. *The logic of scientific discovery*. London: Routledge.

Popper, Karl R. 1945. *The open society and its enemies*, 2 vols. London: Routledge.

Posner, Richard. 1973. *Economic analysis of law*. Boston: Little Brown (7th ed. 2007 Wolters Kluwer for Aspen Publishers).

Posner, Richard. 1988. The jurisprudence of skepticism. *Michigan Law Review* 86(5): 827–891.

Potter, Norman. 2002. *What is a designer*. London: Hyphen Press.

Rapp, Geoffrey. 2009. Unmanned aerial exposure: Civil liability concerns arising from domestic law enforcement employment of unmanned aerial systems. *North Dakota Law Review* 85: 623–648.

Rasmusen, Eric. 2004. Agency law and contract formation. *American Law and Economics Review* 6(2): 369–409.

Reynolds, Carson, and Masathosi Ishikawa. 2007. Robotic thugs. In *2007 Ethicomp proceedings*, 487–492. Tokyo: Global e-SCM Research Center and Meiji University.

Rezza, Giovanni. 2006. The principle of precaution-based prevention: A Popperian paradox? *European Journal of Public Health* 16(6): 576–577.

Rosenberg, Jeffrey. 2002. Spiders and crawlers and bots, Oh My: The economic efficiency and public policy of online contracts that restrict data collection. *Stanford Technology Law Review* 3, August 19.

Sartor, Giovanni. 2009. Cognitive automata and the law: Electronic contracting and the intentionality of software agents. *Artificial Intelligence and Law* 17(4): 253–290.

Savigny, Frederich. 1979. In *System of the modern roman law*, ed. W. Holloway. Westport: Hyperion.

Scott, Samuel P. (ed.). 1932. *The civil law*. Cincinnati: Central Trust.

Sharkey, Noel. 2008. Grounds for discrimination: Autonomous robot weapons. *RUSI Defence Systems* 11(2): 86–89.

Sharkey, Noel. 2011. Automated warfare: Lessons learned from the Drones. *Journal of Law, Information and Science* 21(2). doi:10.5778/JLIS.2011.21.Sharkey.1.

Sharkey, Noel, Marc Goodman, and Nick Ross. 2010. The coming robot crime wave. *IEEE Computer Society* 43: 114–116.

Shneiderman, Ben. 2000. Universal usability. *Communications of the ACM* 43(5): 84–91.

Singer, Peter. 2009. *Wired for war: The robotics revolution and conflict in the 21st century*. London: Penguin.

Singer, Peter. 2011. A world of killer apps. *Nature* 477: 400.

Smith, Vernon L. 1962. An experimental study of competitive market behaviour. *Journal of Political Economy* 70(2): 111–137.

Solum, Lawrence B. 1992. Legal personhood for artificial intelligence. *North Carolina Law Review* 70: 1231–1287.

Sparrow, Robert. 2007. Killer robots. *Journal of Applied Philosophy* 24(1): 62–77.

Ŝtaerman, Elena M., and Mariana K. Trofimova. 1975. *La schiavitù nell'Italia imperiale. I-III secolo*. Roma: Editori Riuniti.

Sullins, John P. 2011. Introduction: Open questions in roboethics. *Philosophy and Technology* 24(3): 233–238.

Sunder, Shyam. 2004. Markets as artifacts: Aggregate efficiency from zero-intelligence traders. In *Models of a man: Essays in memory of Herbert A. Simon*, ed. M. Augier and J. Marsch, 501–519. Cambridge, MA: MIT Press.

Teubner, Günther. 2007. *Rights of non-humans? Electronic agents and animals as new actors in politics and law*. Max Weber Lecture at the European University Institute of Fiesole, Italy, January 17.

Thorburn, William M. 1917. What is a person? *Mind* 26(103): 291–316.

UN World Robotics. 2005. *Statistics, market analysis, forecasts, case studies and profitability of robot investment*, ed. UN Economic Commission for Europe and co-authored by the International Federation of Robotics, UN Publication, Geneva, Switzerland.

Veruggio, Gianmarco .2006. Euron roboethics roadmap. In *Proceedings Euron Roboethics Atelier*, 27 February–3 March, Genoa, Italy.

Wallach, Wendell, and Colin Allen. 2009. *Moral machines: Teaching robots right from wrong*. New York: Oxford University Press.

Watson, Alan (ed.). 1988. *The digest of Justinian*, vol. I. Philadelphia: University of Pennsylvania Press.

Weber, Max. 1904/1949. Objectivity in social science and social policy. In *The methodology of the social sciences*, eds. and trans. E.A. Shils and H.A. Finch . New York: Free Press.

Wein, Leon E. 1992. The responsibility of intelligent artefacts: Toward an automation jurisprudence. *Harvard Journal of Law & Technology* 6: 103–154.

Weitzenboeck, Emily Mary. 2001. Electronic agents and the formation of contracts. *International Journal of Law and Information Technology* 9(3): 204–234.

Wellman, Michael, Amy Greenwald, and Peter Stone. 2007. *Autonomous bidding agents: Strategies and lessons from the trading agent competition*. Cambridge, MA: MIT Press.

Wiener, Norbert. 1950. *The human use of human beings: Cybernetics and society*. New York: Doubleday.

Wooldridge, Michael J., and Nicholas R. Jennings. 1995. Agent theories, architectures, and languages: A survey. In *Intelligent agents*, ed. M. Wooldridge and N.R. Jennings, 1–22. Berlin: Springer.

WP29. 2009.*The future of privacy*. EU Working Party art.29 D-95/46/EC: WP 168, December 1.

Wu, Stephen S. 2012. Unmanned vehicles and US product liability law. *Journal of Law, Information and Science* 21(2). doi:10.5778/JLIS.2011.21.Wu.1.

Yeung, Karen. 2007. Towards an understanding of regulation by design. In *Regulating technologies: Legal futures, regulatory frames and technological fixes*, ed. R. Brownsword and K. Yeung, 79–108. London: Hart.

Zittrain, Jonathan. 2007. Perfect enforcement on tomorrow's internet. In *Regulating technologies: Legal futures, regulatory frames and technological fixes*, ed. R. Brownsword and K. Yeung, 125–156. London: Hart.

译后记

感谢恩师彭诚信教授和上海人民出版社提供此次机会，让我们得以再一次与恩师通力合作，共同探寻目前法学研究中最令人兴奋的新领域之一：人工智能相关法律。人工智能已经渗透到我们生活的各个领域，随着这项技术的发展，能够进行深度学习的人工智能或许很快就会对目前的法律制度、伦理道德甚至社会结构提出新的挑战。为了应对这一挑战，或许未来我们会不得不改写某些法律制度或法律基本概念，只为了确定"谁来承担责任"，这也正是本书试图回答的问题。按照本书作者的观点，人工智能的设计者、制造者、使用者甚至人工智能本身都有可能成为责任主体，这一观点尽管具有颠覆性，但或许能够启发我们打破窠臼，探寻到人工智能相关法律制度的本质。读者们或许能从本书中找到某些问题的答案，或许会发现更多的问题、引发更多的思考，这都是我们翻译本书的价值所在。

翻译是一项语言转换的工作，这注定了译作是对原著的一次重新解读，难免带入译者本人的理解。初涉人工智能领域，我们遇到了大量的陌生知识和词汇，在不断地斟酌、推敲和讨论中完成了本书的翻译。尽管译作经过我们多次全面校对，但限于译者的翻译能力，不妥之处和错误仍不可避免。敬请各位前辈和学界同仁谅解并不吝批评指正。

本译作章节分工如下：

前言：张卉林

致谢：王黎黎

第一章：张卉林

第二章：王黎黎

第三章：张卉林

第四章：张卉林

第五章：王黎黎

第六章：王黎黎

第七章：张卉林

本书最终统稿和校对由张卉林完成。

两位译者对本书的翻译都做出了大量的工作，在文稿的翻译、校对、统筹方面都有不可或缺重要的贡献，因此本书译者排名不分先后。

感谢在学术研究中给我们诸多指点和引导的恩师彭诚信教授。没有恩师的指引，我们可能仍未意识到人工智能相关法律问题研究的重要性。在本书翻译过程中，恩师多次审阅译稿，对书稿提出了许多十分有价值的意见和建议。能够在毕业后与恩师再次合作，聆听教诲，我们感到无比荣幸。

感谢吉林大学计算机学院 2015 级博士研究生雷景佩对本书人工智能和计算机相关技术的翻译提供的建议和帮助。

感谢上海人民出版社秦堃和史尚华两位编辑对本书出版提供的诸多帮助。

张卉林　王黎黎

2018 年 7 月 23 日

图书在版编目(CIP)数据

谁为机器人的行为负责?/(意)乌戈·帕加罗
(Ugo Pagallo)著;张卉林,王黎黎译;彭诚信主编
.—上海:上海人民出版社,2018
书名原文:The Laws of Robots:Crimes,
Contracts,and Torts
ISBN 978 - 7 - 208 - 15352 - 3

Ⅰ.①谁⋯ Ⅱ.①乌⋯ ②张⋯ ③王⋯ ④彭⋯ Ⅲ.
①智能机器人-研究 Ⅳ.①TP242.6

中国版本图书馆 CIP 数据核字(2018)第 161672 号

策 划	曹培雷	苏贻鸣	
责任编辑	秦 堃	史尚华	
封面设计	田 松		

谁为机器人的行为负责?

[意]乌戈·帕加罗 著

张卉林 王黎黎 译

彭诚信 主编

出 版	上海人 & 出版社	
	(200001 上海福建中路 193 号)	
发 行	上海人民出版社发行中心	
印 刷	常熟市新骅印刷有限公司	
开 本	635×965 1/16	
印 张	14.75	
插 页	4	
字 数	198,000	
版 次	2018 年 8 月第 1 版	
印 次	2019 年 4 月第 2 次印刷	
	ISBN 978 - 7 - 208 - 15352 - 3/D · 3259	
定 价	58.00 元	

"独角兽法学精品"书目

《美国法律故事：辛普森何以逍遥法外？》
《费城抉择：美国制宪会议始末》
《改变美国——25个最高法院案例》
《人工智能：刑法的时代挑战》

人工智能
《机器人是人吗？》
《谁为机器人的行为负责？》
《人工智能与法律的对话》

海外法学译丛
《美国合同法案例精解（第6版）》
《美国法律体系（第4版）》
《正义的直觉》
《失义的刑法》

德国当代经济法学名著
《德国劳动法（第11版）》
《德国资合公司法（第6版）》